清华大学艺术与科学研究中心
柒牌非物质文化遗产研究与保护基金项目

中国传统服饰文化与工艺丛书

福建三大渔女服饰文化与工艺

卢新燕／著

中国纺织出版社

内 容 提 要

本书在相关史料和文献研究的基础上对福建三大渔女——惠安女、蟳埔女和湄州女的服饰文化进行田野考察，针对不同区域渔女服饰的特征，分别对其款式结构、面料、色彩和工艺特点，以及三大渔女极具特色的头饰装扮习俗进行了研究。海洋文化背景下的三大渔女服饰作为海洋文化的一种符号载体，不仅体现了浓郁的地域文化特色，同时凝聚了沿海人民千百年来形成的美学、宗教、哲学及习俗等方面的传统观念。

希望本书能让更多人了解东南沿海渔女服饰文化的特征，同时能够丰富闽南“非遗”传统服饰民俗文化的内涵。

图书在版编目（CIP）数据

福建三大渔女服饰文化与工艺/卢新燕著. —北京：中国纺织出版社，2014.6

（中国传统服饰文化与工艺丛书）

ISBN 978-7-5180-0702-8

Ⅰ.①福… Ⅱ.①卢… Ⅲ.①服饰文化—研究—福建省 Ⅳ.①TS941.12

中国版本图书馆CIP数据核字（2014）第113894号

策划编辑：王 璐 责任校对：楼旭红
责任设计：何 建 责任印制：储志伟

中国纺织出版社出版发行
地址：北京市朝阳区百子湾东里A407号楼 邮政编码：100124
销售电话：010—87155894 传真：010—87155801
http：//www.c-textilep.com
E-mail：faxing@c-textilep.com
官方微博http：//weibo.com/2119887771
北京新华印刷有限公司印刷 各地新华书店经销
2014年6月第1版第1次印刷
开本：889×1194 1/16 印张：14
字数：200千字 定价：69.80元

前言
Preface

福建三大渔女分别是指生活在东南沿海惠安县的惠安女、泉州蟳埔村的蟳埔女和湄洲岛的湄洲女，她们都是靠海为生，以渔为业，所以被称为渔女，三大渔女以其独特的服饰穿戴习俗一直被世人瞩目。三大渔女服饰虽然各具特色，但基本形制还是沿袭传统汉族服饰的制式，上衣都是传统右衽斜襟大裾衫，下装是折腰宽腿裤。在不同的历史时期三大渔女的服饰呈现出不同的风格，我们现在看到的惠安女服饰风格是在新中国成立后才逐渐形成的。由于海洋独特的地域环境和渔业生产方式，“重头不重脚”是三大渔女共同的服饰特征。

三大渔女服饰是汉族服饰中极具典型意义的地域文化服饰代表，是海洋文化背景下独树一帜的服饰文化，惠安女服饰首批录入国家非物质文化遗产名录，蟳埔女习俗被录入第二批“非遗”名录。在国家非物质文化遗产分类中，传统服饰归于民俗类别，2006 年、2008 年和 2011 年共有三批非物质文化遗产名录公布，传统服饰有 17 名，按民族来分，少数民族服饰有 14 名，汉族服饰 3 名，分别是惠安女服饰、蟳埔女习俗，苏州甪直妇女服饰；如果按大陆文化与海洋文化背景来分类，海洋文化背景的“非遗”传统服饰只有惠安女服饰和蟳埔女习俗。也正因为“非遗”渔女服饰研究的价值，《福建三大渔女服饰文化研究》课题有幸被列入“清华大学艺术与科学研究中心柒牌非物质文化遗产研究与保护基金项目”名目，这本书稿才得以顺利出版。

关于三大渔女服饰研究的资料较少，大都是人类学研究的文献中提到服饰习俗，本书中资料基本都来源于作者田野考察，除少数几幅图片标明出处外，其他图片都是田野考察拍摄的资料。在考察调研的过程中，三大渔女服饰传承者基本都是中老年妇女，随着经济的发展，外来文化的渗透， 35 岁以下妇女基本不着传统服饰，本地年轻人对祖辈传统服饰已了解甚少，三大渔女传统的服饰正在被简化甚至面临消失的危机。非物质文化遗产是相对于物质文化遗产而言的，它不是以独立的物质文化形式存在，而是依赖于人类的活动而存在，载体生存和发展的环境变化必然导致文化的变化，载体的消失无疑伴随着文化的消亡。

本书对三大渔女的服装风格、色彩、纹样、结构工艺以及头饰、配饰特征展开系统的研究，从海洋文化背景角度分析服饰构成要素，如面料、色彩、图案、工艺等与地域环境、历史文化之间的联系。海洋文化背景下的服饰文化不仅承载着人类社会的文明，同时也体现了文化的多元与融合。希望通过本书中一些记忆的文字和图片让更多人了解东南沿海渔女服饰文化的特征，同时能够丰富闽南“非遗”传统服饰文化的内涵。

由于能力有限，加之时间仓促，书稿不足之处，恳请同行与专家指正。

卢新燕

2014.3

目录

Contents

福建三大渔女服饰概述

福建三大渔女分别指的是惠安女、蟳埔女和湄洲女，三大渔女都是以地域名称来命名的，同时也以独特的服饰穿戴而著称，其不同时期的服饰记载着时代经济、政治、文化的变革。三大渔女常年劳作在海边，生活在同一海岸线上，但是由于区域文化差异，三大渔女服饰各具特色，正如《汉书》里说"百里不同风，千里不同俗，户异政，人殊服"，三大渔女服饰成为闽南蜿蜒曲折的海岸线上一道亮丽的风景线，同时也是我国海洋文化背景下海洋民俗风情的一朵奇葩。"惠安女服饰"2006 年被列入第一批国家级非物质文化遗产保护名录，"蟳埔女生活习俗"2008 年入选第二批国家级非物质文化遗产名录。

图 1-1-1　大岞、小岞惠安女服饰

第一节　福建三大渔女服饰文化背景

一、福建三大渔女服饰地理分布

（一）惠安女服饰地理分布

惠安女服饰，是指生活在惠安县东部海边的一个特殊汉族族群的妇女服饰，主要分布在惠安崇武半岛和小岞半岛上，从地图上看这两个半岛像两个巨大的蟹脚伸进海面。惠安女服饰分布行政区域又划分为崇武、山霞、小岞和净峰四个镇，同时又以这四个乡镇的妇女服饰划分为两种不同的服饰形制，一种是以崇武、山霞镇妇女服饰为代表，崇武镇又以大岞村妇女服饰为典型；另一种服饰形制以小岞、净峰镇妇女服饰为代表（图 1-1-1）。

惠安县位于泉州湾与湄洲湾之间，濒临台湾海峡，土地面积 668 平方公里，海域面积 1200 平方公里，海岸线 141 公里，大小岛屿 50 多个，境内地形以丘陵为主[1]。崇武镇位于惠安县东南沿海突出部，崇武三面环海，东临台湾海峡，崇武镇大岞村是惠安女集中居住点，山霞镇东边与崇武镇接壤，位于崇武半岛的底部。

小岞镇位于小岞半岛，三面临海，东望台湾海峡，西与净峰镇七里湖狭长地带接壤，呈半岛地形。净峰镇位于小岞半岛底部，境内有海内外闻名的唐代建净峰寺，近代名僧弘一法师曾在此幽居。

（二）蟳埔女服饰地理分布

蟳埔女服饰指的是蟳埔村渔女所穿戴的服饰。蟳埔村为福建省泉州市丰泽区东海社区

[1] 惠安县文化体育局．惠安县文物志．2003.

的一个小渔村，地处泉州湾晋江下游出海口北岸，呈半岛形，古刺桐港畔。相传在明代时蟳埔村名为“前埔”，后来由于妈祖娘娘生日，晋江洋埭村民敬奉一幅缎面彩帐，把“前埔”写成“蟳埔”，再由于此地盛产红蟳，村民认为叫“蟳埔”更为妥帖，从此“前埔”便改为“蟳埔”，并沿用至今，主要经济以渔业捕捞和滩涂养殖为主。

（三）湄洲女服饰地理分布

湄洲女是湄洲岛籍女子的统称。湄洲岛位于福建“黄金海岸”中部湄洲湾口，同时位于台湾海峡西岸的中部，是一个有着悠久历史的岛屿，在唐代就有湄洲这个名字。全岛南北狭长，形状如秀丽的娥眉，有“水中之湄，海中之洲”的美誉，故称为湄洲。湄洲岛湄洲祖庙被誉为“东方的麦加”，每年都吸引着百万海内外信众竞相朝拜，湄洲岛上妈祖庙后殿石柱上就刻有：“四海恩波颂莆海，五洲香火祖湄洲”的楹联，道出湄洲妈祖庙“祖庙”的崇高地位。湄洲女高贵典雅的“妈祖髻”相传为妈祖亲自设计，祖庙梳妆楼至今还保留妈祖最初的“妈祖髻”塑像，妈祖是湄洲女的杰出代表，湄洲女善良、勤劳、勇敢、甘于奉献的精神品格集中体现在妈祖身上。

二、福建三大渔女所属民族

福建三大渔女虽然服饰特征有别于汉民族，但她们都属于汉族，惠安女、蟳埔女、湄洲女她们讲汉语、写汉字，但其别具一格的服饰特征，却超出了通常意义上汉族服饰的范畴，以及惠安女奇异的婚俗，也与一般的汉族明显不同，这正是值得我们研究的地方。

三、福建三大渔女共同的信仰——妈祖

福建三大渔女共同信仰海神妈祖。妈祖文化肇于宋、成于元、兴于明、盛于清、繁荣于近现代，妈祖文化是海洋文化的重要特征。妈祖姓林名默。关于她的生平，说法不一，一曰唐天宝年间生人，另说生于宋建隆年间，据史料较多的宋代记载，林默出生在福建省莆田市湄洲湾畔一个美丽的小渔村——贤良港。在闽南方言中，“妈”是民间对德高望重的女性或女性长者的最高尊称。妈祖一生奔波海上，救急扶危，福佑众生，航海人敬之若神。死后，她仍以行善济世为己任，救助逢凶遇难的民众，人们最终将妈祖奉为名副其实的“海上女神”。

第二节　福建三大渔女服饰概貌

一、惠安女服饰概貌

惠安女服饰准确地说是指惠东女服饰，惠安流传的一句经典民谣：“封建头，民主肚，节约衣，浪费裤”，就是对惠安女服饰的高度概括。封建头是指惠安女头饰——花头巾和黄斗笠，由于头巾包裹面部只露出五官，再加上圆斗笠，整个面容掩藏了一半，所以被称为封建头；“节约衣”是指惠安女上衣衣身短小至腰部，袖口收紧到小臂的中部，用布节约，所以有此说法；“民主肚”是指上衣紧窄短小在劳作中露出肚脐而不遮挡，很是民主；“浪费裤”是指下装特别宽松肥大，与上装形成鲜明宽窄对比。惠安女服饰分为崇武、山霞型和小岞、净峰型，这两种形制分别以崇武大岞村与

小岞镇妇女服饰为典型。大岞村妇女服饰整体结构为包头巾戴斗笠，上衣短小露出装饰的腰带，下装传统的宽腿裤，夏装花色主要以白底碎花和白底条纹为主，冬天蓝色上衣，黑色宽腿裤拼蓝色腰头，婚前戴编织或刺绣的腰带，结婚后戴银腰链，头巾色彩以蓝绿为底色，各种花纹兼具（图 1-2-1），常年塑料拖鞋，冬天有穿袜子再穿拖鞋的习惯。

小岞惠安女服饰的基本形制也是上衣短小，裤子一样是宽腿裤，包头巾戴斗笠，配腰带，但是细节都有区别，小岞夏装服饰色彩没有大岞那么艳丽，基本是群青色调，蓝裤子配标准绿色腰头，劳作时佩戴塑料丝编织的腰带，银腰带与大岞腰带细节也有所不同。头巾以红色碎花为标准色，整体色系偏暖，斗笠是黄色尖顶平面，没有像大岞那么多装饰，相对要朴素一些（图 1-2-2），后面章节有详细阐述。以上是惠安女现代的服饰特征，而现代服饰形制是 20 世纪 50 年代才逐渐定型的，由于早期交通不便，大岞、小岞妇女早期服饰特征还是迥异的。惠安女服饰是在海洋文化与中原文化碰撞、糅合、交融中形成的一种多元文化，一种特有的服饰文化产物。

图 1-2-1　大岞村惠安女服饰

图 1-2-2　小岞惠安女服饰
图片来源：惠安女小岞创作基地

二、蟳埔女服饰概貌

蟳埔女服饰描述“民主头、封建肚”与惠安女正好相反，蟳埔女服饰中最具特色的是簪花围头饰，被誉为“行走的花园”，一年四季不分老幼，个个馨香满头，簪花围是把含苞或初放的花朵用麻绳线攒在一起，绕成环，围在头发周边，多至三个小环，色彩相间，清一色采用白色象牙筷固定发髻（图 1-2-3），这里的老妇人习惯在头上包扎着阿拉伯式的“番巾”，鲜花和头巾数百年来成为这里永不落伍的时尚。

蟳埔女的上装俗称“大裾衫”，延续了汉族传统服饰的立领扣襻斜襟右衽形制，早期面料为棉布和苎麻，由于那时印染工艺不发达，服装色彩以青色、蓝色为主色，老年妇女以黑

图 1-2-3　蟳埔女簪花围头饰

色为主，这也是海边劳作环境作业耐脏的需要。大裾衫的长度盖过腰部，不同于惠安女的露肚装，底摆为弧形，为了美观，有些领口、袖口和右衽边缘等处采用异色面料滚边工艺，裤子属于传统的“汉裤”宽腿折腰裤（图 1-2-4）。

图 1-2-4　蟳埔女服饰

三、湄洲女服饰概貌

湄洲女服饰特征用一句经典民谣来概述：“船帆头，海蓝衫，红黑裤子保平安”，“船帆头”又称“妈祖髻”，相传为妈祖林默娘所创，将头发盘起梳成船帆的造型，发髻以船部件为蓝本，左、右各插一根波浪形的发卡，代表船上摇橹的船桨，头上盘一个圆圆的发笼代表船上的方向盘，一根红头绳盘在发笼里代表船上的缆绳，一根银钗横向穿过发笼代表船上的锚。整个发髻恰似一艘迎风的帆船（图 1-2-5），象征着一帆风顺。湄洲女的蓝色上衣代表大海，裤子上红下黑的取色来源于妈祖海上救难时，红色裤子被海水打湿下半部分远看是黑色，后来人们直接用红、黑两色拼接作为裤装的配色（图 1-2-6），湄洲女服饰表达了湄洲女对出海亲人的思念之情和平安祝愿。

图 1-2-5　湄洲女船帆头

图 1-2-6　湄洲女服饰

三大渔女缤纷奇异的发型与头饰

福建三大渔女——惠安女、蟳埔女和湄洲女，其发型与头饰以奇特瑰丽而著称，渗透着浓郁的地域文化特色，由于常年生活在海边，“重头不重脚”是三大渔女共同的服饰特征。但随着经济的发展，外来文化的渗透，福建三大渔女传统的发型头饰正在简化甚至消失，35 岁以下妇女基本不梳传统发饰。在田野调查过程中，本地年轻人对祖辈传统头饰已了解甚少。服饰是人类物质文化的重要组成部分，每个地域服饰特点都体现其独具特色的生活习俗和特有的审美观念。

图 2-1-1　大岞、小岞现代惠安女头饰

第一节　崇武、山霞惠安女发型与头饰

一、崇武、山霞惠安女发型与头饰概述

惠安女服饰分布在崇武城外、山霞镇、小岞镇和净峰镇这四个区域，头饰同样分为两大风格形制，一类是崇武城外、山霞镇妇女头饰，由于是相邻的两个镇，她们服饰穿戴属于同一类型；另一类是相邻的小岞镇和净峰镇妇女头饰，属于同一种穿戴风格，通常我们说的大岞、小岞服饰就是分别代表这两种不同形制（图 2-1-1）。惠安女头饰历经世纪的变革，我们现在看到的惠安女花头巾、黄斗笠是新中国成立后逐渐形成的头饰风格。

早期由于交通闭塞，涨潮时小岞半岛同大陆一水之隔，与外界基本隔离，虽然大岞与小岞只相隔数十里，但是各自形成了不同的服饰习俗，直到新中国成立后，交通开始便利，妇女随之解放，妇女生产劳动方式趋于一致，再加上破四旧运动，大岞和小岞妇女服饰才慢慢形成现在的服饰风格。

崇武惠安女服饰主要分布在崇武城外，城内没有此独特服饰，尤其以城外大岞村妇女服饰为典型（图 2-1-2、图 2-1-3）。大岞渔女头饰特征：包头巾、戴斗笠，头巾主色为蓝色和绿色，黑色的头巾架支撑头巾，头巾上有

图 2-1-2　大岞中青年头饰

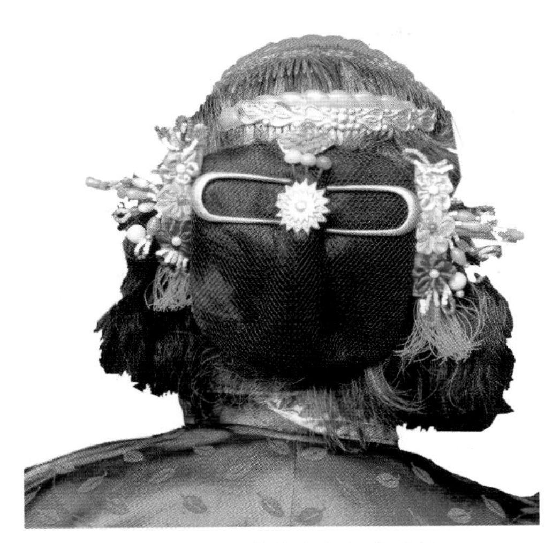

图 2-1-3 大岞老年妇女头饰

着各种装饰配件，称为“缀仔”；斗笠是黄色的，弧形、尖顶，装饰艳丽，顶上有红三角和绿扣子装饰。惠安女头饰随着历史的进程，在不同时期表现出不同的装饰特征。

二、崇武、山霞惠安女发型与头饰的渊源

崇武镇城外大岞村是惠安女传统服饰聚居地，大岞村妇女服饰属于“惠安女服饰”的典型服饰代表。1958 年在大岞村发现史前文化遗址。对于具有数千年历史的大岞村，妇女奇异的发饰源于什么时期，经历了多少个世纪的演变，还没有确凿史料，目前所能考察到的资料是自清代末期至今，近一个多世纪的惠安女妇女发型头饰的演变。崇武、山霞男女具有鲜明的分工，男人从事海上捕捞，一般分为近海和远海捕鱼；妇女承担全部农副业和家务，还有渔业的辅助工作，例如织渔网、挑运渔货等，在田野里、海滩上、包括建筑工地上，甚至开拖拉机搞运输的，到处都是头戴花头巾、黄斗笠的惠安女身影。

惠安女奇特的头饰渊源一直众说纷纭，有学者说是居住这里的土著居民遗留下来的习俗，属于百越遗风。据史书记载，秦汉时期居住在福建的民族称为“闽越”，属百越民族一支。古代越人有文身、凿牙习俗遗痕，惠安女也有文身、镶牙习俗，所以绝大多数学者认为惠安女是越人的后代。崇武地理位置偏僻，在明代才开始有汉人迁入，小岞更晚，不排除这些迁入的汉族祖先与当地的妇女完婚的可能性，惠安女头饰一直不同于周边汉族妇女头饰，是否是汉人与当地土著居民联姻，不同文化相互交融、相互妥协的结果呢？也有学者认为惠安女头饰与苗族、黎族、高山族、畲族服饰有渊源，目前都还没有确凿的史料论证。大岞村居住历史及族谱资料表明，明清时期当地居民大都是从福建其他地区迁入的，而这些地区也都没有类似的头饰，可以推测，这种奇特发饰是源于当地的习俗，迁入之后而“入乡随俗”。[1]现在基本的共识为惠安女属于汉族，惠安女服饰是具有浓厚地方特色的汉族服饰的一个典型代表。

在崇武、山霞惠安女头饰目前所存的史料中，从清末至民国初期妇女在结婚和隆重的节日都要梳妆“大头髻”。20 世纪 40 ～ 50 年代发型逐渐转变为“目镜头”和“圆头”，新中国成立后惠安女头饰才出现“黄斗笠”、“花头巾”，每个阶段的发型与头饰演变都有其历史特定的意义。

---

[1] 蒋炳钊、吴锦吉、唐杏煌．福建惠东婚俗、服饰和历史考察 [M]. 厦门：厦门大学人类学研究所印，1984：43-44.

三、清末至20世纪30年代发型与头饰

这个时期崇武、山霞惠安女头饰主要有"大头髻""巾仔"和"褶职"三种形制。整体风格装饰繁缛，形态夸张，以遮掩大部分面部为特征，体现"生不露面"的传统习俗，甚至连丈夫都不能看到妻子的完整面部。由于惠安女婚后有常住娘家的习俗，重大节日回夫家的时候，都要戴上最隆重的"大头髻"，晚上熄灯后才能摘下头饰，以致有结婚多年的夫妻相互还认不清对方的情况出现。

（一）盛装大头髻

"大头髻"（图 2-1-4）是惠安女盛装时的装束，同时也是已婚的标志，在结婚当天才开始梳大头髻，所以结婚又称为"上头"，同时也是婚后回夫家、节日、喜宴等出门做客的必要装扮。未婚女孩发饰与汉族其他地区一样梳长辫，盘在头上，后来也有已订婚大龄未嫁的妇女，担心常住娘家梳长辫被别人笑话，便改梳此发型，只是以有无留"刘海"来区别，已婚妇女一般不留"刘海"。

图 2-1-4　大头髻
图片来源：惠安县人物志

大头髻组成非常复杂，以装饰大而多为特征，要有好几个姐妹帮忙才能完成，也只有在隆重场合下才装扮成这样的发型。大头髻组成有髻模 1 个，扁白一支，头尾档不一样 2 支，上、下股两式各 4 支，蟳扁 1 支，幅字 2 支，梅花带链 2 支，银插子 1 支带 3 条链子，还有各种颜色和式样的绒花，整个头部插得满满的，同时用一条五尺长的黑丝巾从髻边向背后与衣缘等长，丝巾的两端各缝接 15 厘米宽的黑帛仔布，上面用绿丝线绣出各种花纹图案[1]。黑巾仔布用于遮面之用。由于大头髻不是一个整体头饰，一直没有考察到实物，只是通过一些资料记载描述。

（二）已婚妇女日常巾仔头饰

1. 巾仔头饰基本造型

"巾仔"是已婚妇女平常居家的头饰，基本形制与大头髻相似，只是没有大头髻那么隆重，先用几根细竹竿撑起一个长方形的盒罩，黑帛作为面布，里布是粗一些的黑布，这个类似船形的长方形盒罩，不知道灵感是否来源于渔船的造型，盒罩一般长 35 厘米，宽 25 厘米，罩在头上，一半伸出前额，目的是为了不让人看清面部，头顶 2 个三角形尖角，尖角处缝上 1.5 厘米的红布（如亲人去世，则改用绿色或黑色），黑丝巾叠起来，长度不同于大头髻的黑巾，与衣缘等长，拼接两条缝有绿色线迹的巾仔头装饰，长度正好落到肩部上方，后髻上同样插绒花和银饰，少了那些带链装饰，与大头髻相比，巾仔要简约一些（图 2-1-5、图 2-1-6）。

[1] 陈国强，叶文程，汪峰．闽台惠东人[M]. 厦门：厦门大学出版社，1994：158.

(a) 正面

(b) 侧面

(c) 背面

图 2-1-5　巾仔正、侧、背三面图示

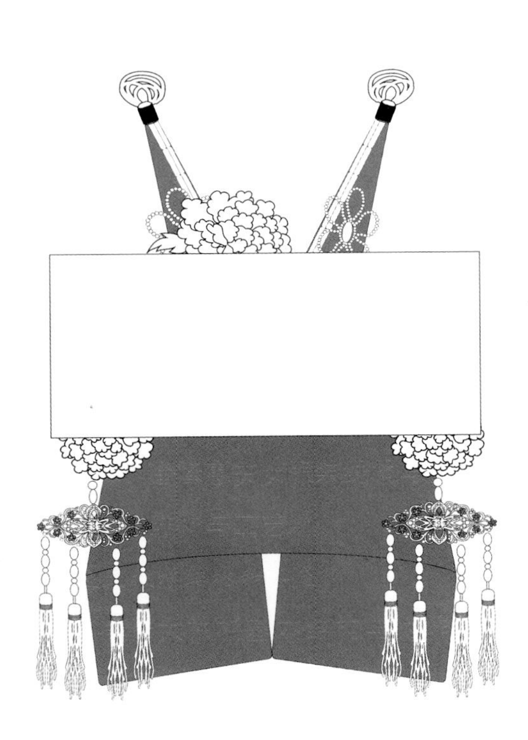

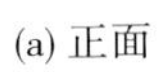

(b) 背面

图 2-1-6　巾仔正面背面线稿

2. 巾仔头饰细节装饰

巾仔头饰体积大，装饰以多为美，金银一直是惠安女头饰的重点装饰，惠安女金银头饰包括：金梳、银梳及金包银梳等，辅以绒线、塑料、绢花等装饰。巾仔近似方形的髻模上按对角线的方向插四根U形金簪，中间是一个圆形多角金花插，呈太阳花瓣发射排列（图2-1-7），巾仔箱型盒盖上装饰左右对称，现在看到的都是塑料花饰，早期主要是金银饰(图2-1-8）。从盒盖里垂下来的夸张耳饰，菱形

图 2-1-7　髻模及饰品

图 2-1-8　盒盖上的饰品

对称花瓣图案都出自于惠安女独特的审美情愫（图 2-1-9）。乌巾两端的黑底绿线装饰称为“巾仔头”，横过盒盖垂向下颏，面料选用黑色棉布做底，上面用绿色丝线或缝纫线绣缝出规则而秩序的适合图案，因早期没有缝纫机都是用手工绣出，纹样大都采用类似渔网的菱形纹，和一些秩序的叶状花纹的四方连续纹样，色彩与纹样的搭配经典大气，让世人为之感叹（图 2-1-10）。

图 2-1-9　垂耳饰品

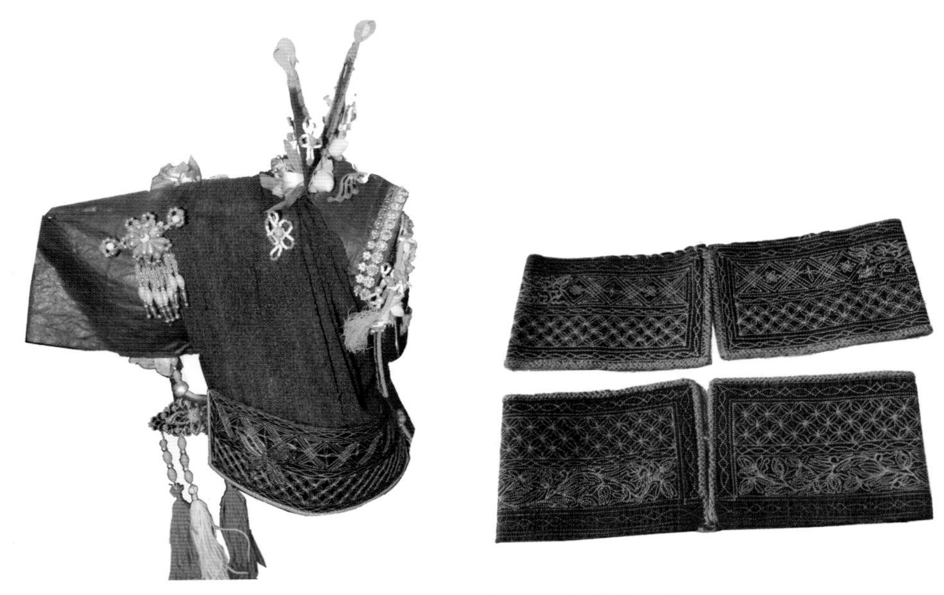

图 2-1-10　绿线巾仔头装饰及纹样

（三）常住娘家时简妆褶职造型

惠安女最具特征的民俗之一是婚后常住娘家，没有生育之前只有节日才能回夫家，生儿育女后才能长住夫家，大头髻和巾仔都是在夫家才把自己打扮得如此隆重，可谓女为悦己者容。婚后住娘家或守寡时，不梳髻，也不插银饰和绒花等，只是戴黑巾，把头发尾卷起，一半塞入黑巾，一半留于巾外，状似一束面线，俗称“褶职”，前者表示无拘束，后者强调守节。[1]

以上这三种头饰现在老年人都已经很久不用了，1987 年在崇武建城 600 年举行踩街活动时，崇武城郊妇女仿古惠安女头饰盛装表演过。

四、20 世纪 40 ~ 50 年代发型与头饰

20 世纪 40 ～ 50 年代已婚妇女复杂的大头髻和巾仔头逐渐被简化，40 年代老年人的黑色棚状布罩比年轻人要短 3 ～ 5 厘米，到 50 年代棚状的盒盖头饰也逐渐被取消了，只留下髻模，髻模上银饰等插花装饰也有所减少，于是将取掉盒盖头饰、在巾仔头的基础上演变成的发型被称为“目镜头”（图 2-1-11），已婚妇女改梳目镜头，但长黑巾一直被沿用。这个时期头饰在年龄上还是有严格的区分，五岁以下的女孩，头上戴有“笠遮”，它是一种宽约 20 厘米的黑布百褶而成的“帽子”（又称“帛仔巾”），顶上中间还缝有一条圆形小红布。未出嫁的女孩要梳“髻尾”（垂于脑后的长辫），出嫁当天才开始梳髻。

五、20 世纪 50 年代后发型与头饰

20 世纪 50 年代后崇武、山霞惠安女头饰发生了重大变革，由于妇女得到解放，参加了思想政治培训班，一些新的思潮涌现，我们现在看到的惠安女标志性头饰花头巾、黄斗笠是在 1952 年民主改革后，参加集体劳动过程时，将原来的黑头巾演变成现在的花头巾（图 2-1-12）。惠安女的花头巾实用与美观兼具，

图 2-1-11　目镜头

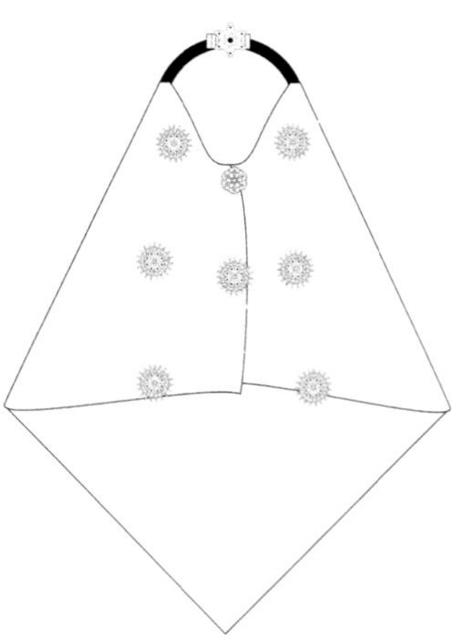

图 2-1-12　现代惠安女花头巾

[1] 陈国华．惠安女奥秘 [M]. 北京：中国文联出版社，1999：16.

在惠东沿海地区，过去没有植树造林，临海劳作时，头巾和斗笠可抵御风沙扑面，从美学的角度花头巾还可以修正脸型，戴上头巾的惠安女都变成清一色的瓜子脸。

50 年代后惠安女头饰按年龄分为两种，中青年妇女头饰：戴花头巾、黄斗笠，装饰艳丽，不断推陈出新，流行烫发和假发并用；老年妇女发型在“目镜头”的基础上简化成“螺棕头”，也称“圆头”。

图 2-1-13　中扑发型正面

（一）中青年妇女发型与头饰

50 年代后青年妇女发型和头饰由三部分组成，首先是梳理的基本发型“中扑”；其次佩戴花头巾，花头巾根据自己头型的大小事先做好，挂在家里，需要时直接戴在头上；最后会在出门时戴黄斗笠。

1. 中扑发型

50 年代初妇女基本发型是剪短发或梳两条辫子，一直延续至今，中扑发型是原先独辫和后来双辫的综合演变，前半部分是独辫，后半部分是双辫，前半部分头顶中间独梳一束圆形耸起的头发，用梳子挑松，令其蓬松，再将这束头发分两股各辫两根小辫子，剩下的头发从后脑勺中间分路，与上面辫好的小辫分别合拢再左右各辫两根小辫，发尾一起绑扎紧，然后“中扑”上一般插上绿色塑料弯梳，也有插 2 ～ 3 把，色彩为红、黄、绿较多，然后戴上头巾（图 2-1-13、图 2-1-14）。

图 2-1-14　中扑发型侧面

“中扑”的梳理步骤如下（图 2-1-15）：

（a）先留出刘海，惠安女刘海一般中间稍长，鬓角两端稍短，稍为椭圆，弧线与衣摆弧线相呼应，然后在头顶正中央挑出一个圆形的发髻。

（b）圆形部分头发用橡皮筋捆紧，剩下的头发沿后脑勺用梳子或竹针一分为二挑开，各自分到耳边。

（c）再把中间圆形部分头发也一分为二，

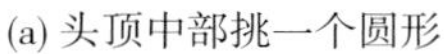

(a) 头顶中部挑一个圆形

(b) 用橡皮筋捆住

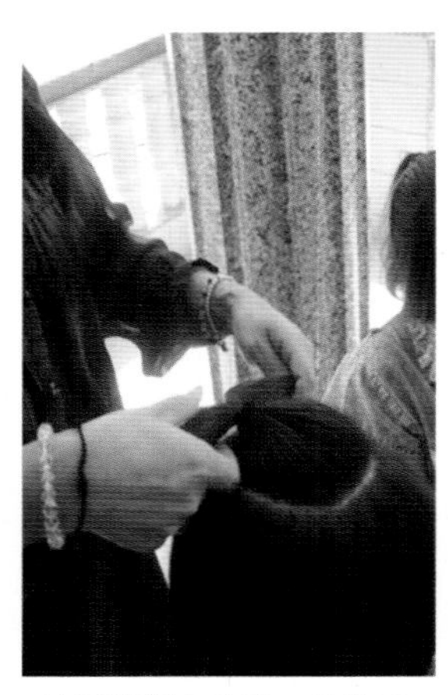

(c) 圆形部分头发一分为二

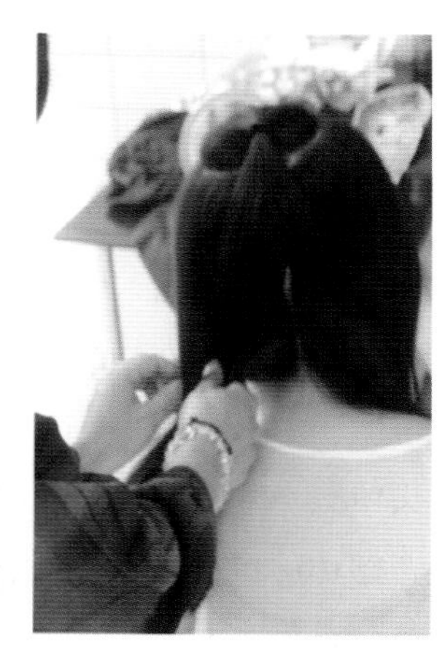

(d) 分别与剩下头发合拢

(e) 分别辫成两根三股辫

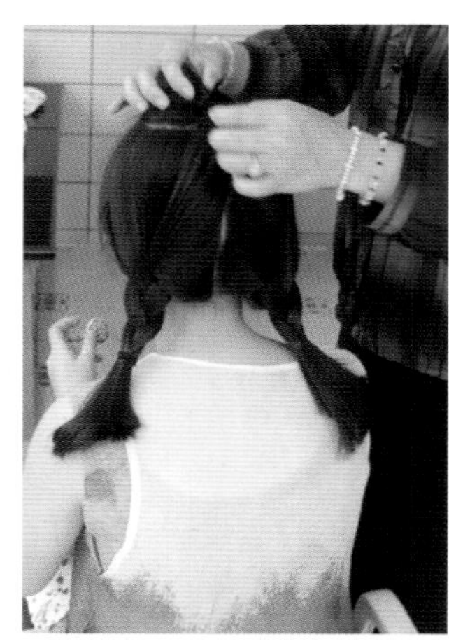

(f) 把圆形那束头发弄蓬起

(g) 插上绿梳子和别上发卡

图 2-1-15 “中扑”梳理过程

头发长的辫成两根小辫。

(d) 上、下各一分为二的头发分别和同一方向的“边鬓仔”头发归拢，合扎在一起。

(e) 左、右两边各辫成两根三股辫。

(f) 用手把中间圆形头发弄蓬松，呈弧形。

(g) 在弧形处插上绿色梳子，也有插2～3把不同颜色梳子，一般以红、黄、绿为主，耳朵上方左、右各夹两个塑料夹子。

2. 花头巾

关于惠安女包头巾的渊源有不同的传说，崇武、山霞一带传说农村妇女包头巾不露面，源于明代抵御倭寇时，为了恐吓敌人，当地妇女都是用黑色绉纱巾包面。其实古代闽南妇女就有戴面巾的习俗，早在宋代，闽南漳州、泉州等地，妇女出门都用花巾遮面，当时称为戴盖头。据《福建通志》载，“朱熹漳州、泉州当官期间，看到这里妇女抛头露面，认为不雅，遂下令妇女必须用花巾兜面，使人不得见其面貌”，因而，人们将花巾称为“文公兜”，闽南其他地区妇女戴面巾的习俗一直流传到民国初年，可见服饰民俗现象与当时的政治、经济、文化是分不开的。

惠安女花头巾由三个部分组成：头巾布，头巾架和头巾上的饰品“缀仔”（图 2-1-16）。发型梳好以后，要戴上事先做好的花头巾（图 2-1-17），头巾在惠安女头饰中占有重要的地位，成年妇女都会攒上百条不同花色的头巾，这源于惠安女的从众审美特征，只要有新的花色头巾出来，大家觉得好看，就会争相随从，然后几乎全村妇女都会买同样的花色新头巾，之前购买的头巾也就随之压了箱底，久而久之就有上百条积压。崇武半岛地处偏僻，妇女基本没什么文化，男人们常年出海打鱼，加上惠安女常住娘家的习俗，所以女性群体占主要陆地劳动力，一般来说，群体成员的行为，通常具有跟从群体的倾向，发现自己的行为和意见与群体不一致，或与群体中大多数人有分歧时，就会感受到一种压力，怕被别人笑话，这促使惠安女服饰在每个时期都趋于一致。

解放初由于印染工艺不发达，惠安女花头巾材质为棉布，以单色花为主，蓝底白花或绿底白花（图 2-1-18）。随着现在印染工艺和纺织材料的发展，惠安女头巾已是五彩纷呈了（图 2-1-19）。大岞、山霞惠安女头巾虽然色彩丰富，基本还是以蓝绿底色为主，勤劳的惠安女除了出海以外，承担所有的繁重劳作，她们用自己美丽又独特的穿戴方式寻找生活的平衡点，“民以食为天”在大岞村妇女的心中已是“民以穿为天”，她们不计较粗茶淡饭，却把节省下来的钱花在服饰上，姐妹们闲下来的话题就是攀比竞看谁的服饰好看，一旦新的头巾花型被认同，妇女们会高出市场几倍价格去四处购买，她们一眼就能辨别出什么头巾是新的，什么是旧的花型，用她们的话说：我们祖先就一直重“花况”（爱打扮的意思），辛劳的惠安女通过服饰的独特，宣扬自己存在的价值。

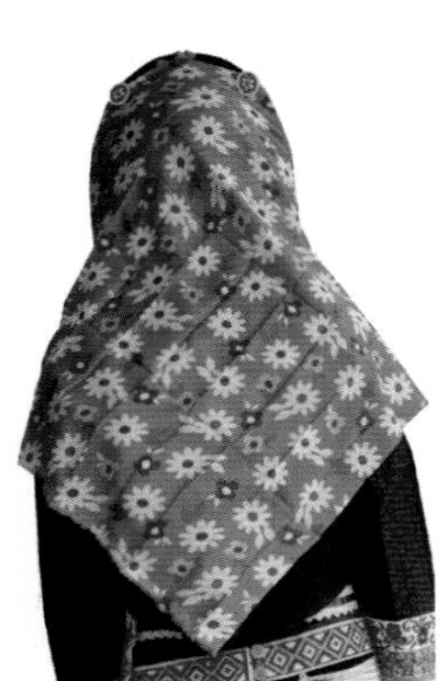

图 2-1-16　大岞惠安女头巾

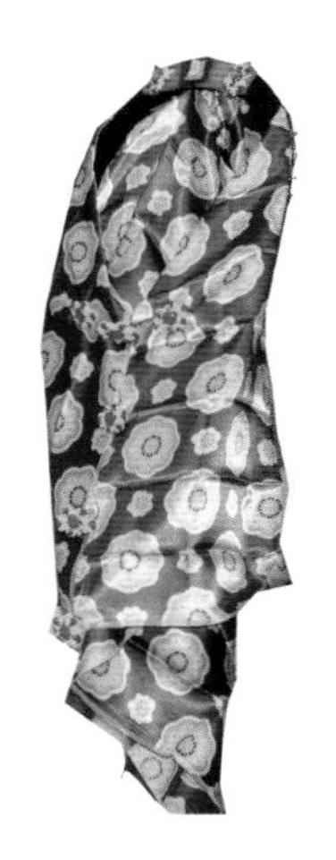

图 2-1-17 制作好的头巾

图 2-1-18 早期花头巾

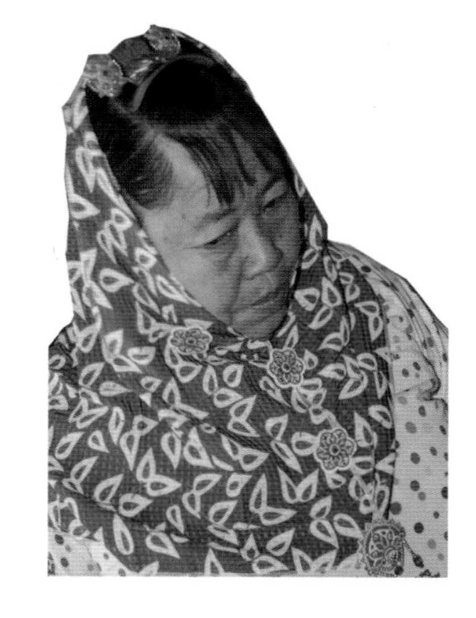

图 2-1-19 各种彩色头巾

（1）头巾布：头巾布面料早期为棉布，现在可以选择各种化纤面料，20 世纪 70 ～ 80 年代盛行蓝色、绿色波点图案（图 2-1-20、图 2-1-21），头巾早期尺寸偏小，一般为 60 厘米 ×60 厘米左右正方形布料，现在头巾尺寸可达到边长为 75 厘米的正方形，颜色也越来越丰富，大都选用具有一定光泽的仿丝绸面料（图 2-1-22）。

图 2-1-20 头巾布

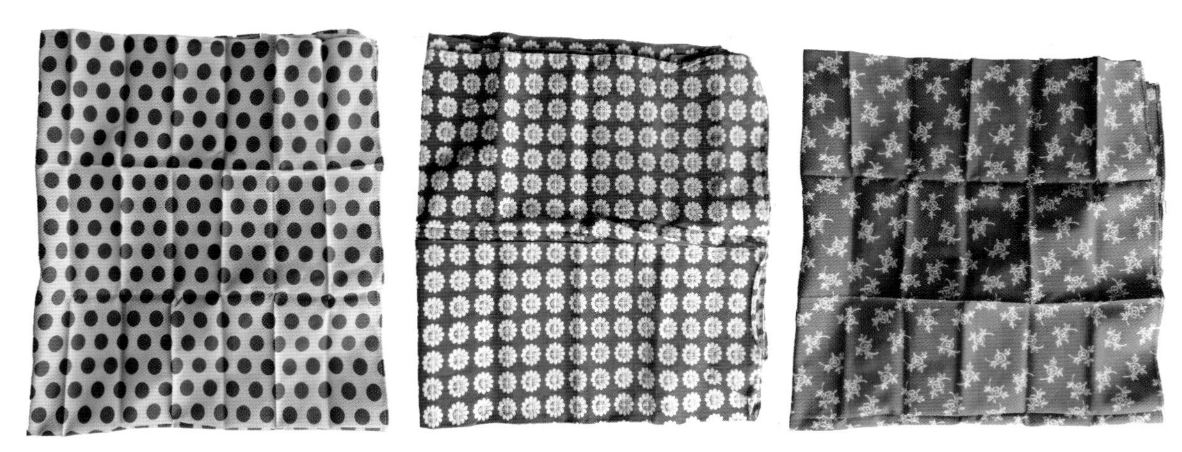

图 2-1-21　早期单色头巾布

图 2-1-22　现代各种头巾布

（2）头巾架：头巾架是一个功能与装饰兼具的头巾支撑物，头巾架把头巾撑起向外延展，赋予头巾一个立体的造型，似孔雀开屏，同时也透气通风。头巾架主要材料是铁丝与毛线，惠安女用粗的铁线作为支架，尺寸一般做长56厘米，宽2.5厘米弓形的假发辫，为了使头巾架与头发能够相融，于是绑上多股黑毛线，辫稍还留有黑色短穗作为装饰，类似头发的发梢，在铁架的最中心“头髻”上，用别针等固定上各种材质的装饰物，随时代的不同，装饰风格材料与时俱进，总体风格由复杂趋向于简单，我们现在看到的头巾架装饰一般是塑料扣、布花和各种缀仔等，装饰体积较小，色彩以鲜艳的红、黄、蓝、绿为主色（图2-1-23）。20世纪80～90年代，头巾架上的装饰物体积越来越大，完全遮盖了头巾架，当时流行用红纱巾叠成蝴蝶结（图2-1-24、图2-1-25），再用红绿毛线绣出各种纹样图案，装饰在蝴蝶

图2-1-23　头巾架

图2-1-24　蝴蝶结

图2-1-25　蝴蝶结饰品头巾

结中央，辅以珠链、亮片等装饰材料，具有浓郁的地域民俗特征（图 2-1-26）。80 年代末，惠安女与时俱进烫假发挂在假发辫上，或扎在发梢上，略露头巾外面。头巾架做好后，再将方形头巾对叠一个三角形，用小别针固定在这个黑色的头巾架上。智慧的惠安女还根据自己的脸型和头型用缀仔事先把头巾别好，平常挂在家里，需要的时候直接套在头上。

（3）头巾上的饰品缀仔：崇武、山霞惠安女头巾上的饰物被称为缀仔（图 2-1-27），为了美观，惠安女把自己喜欢的都戴在头巾上，由于早期面料色彩单一，她们用各种材料制作成装饰物缀仔，装饰在头巾上，不同的时期采用不同的材料，20 世纪 60 年代用毛线刺绣（图 2-1-28）；随着 70 年代塑料盛行（图 2-1-29），又改用塑料材质装饰物；20 世纪 80 ～ 90 年代，亮片、珠链又成为惠安女们缀仔的新宠（图 2-1-30）。

图 2-1-26　蝴蝶结饰品

图 2-1-27　头巾上的缀仔

图 2-1-28　毛线绣缀仔

图 2-1-29　塑料花篮缀仔

图 2-1-30　珠绣缀仔

缀仔皆具装饰与适应功能，也有用于固定头巾架上的装饰，位置装饰在腮边、颏下头巾部位，以中间为对称，三、六、九不等数量排列（图 2-1-27）。形状菱形、多边形、圆形等，一般颜色有红、黄、绿构成各种几何图案，背面是用安全别针固定，这些缀仔都是惠安女手工制作。下面我们分析下缀仔的形状、图案与色彩。

（a）缀仔的形状：缀仔的基本形状为圆形和菱形居多，以及这两种形状的延伸，圆形纹样多似太阳的光芒，不知道是否源于对太阳的崇拜，也有锯齿形、心形、花朵形等（图 2-1-31）。不同时期流行风格不一样，毛线刺绣、塑料制品以及各种穿珠花瓣装饰（图 2-1-32），总体演变趋势是由繁及简、由大及小。这些装饰物都是惠安女亲手制作，包括这些塑料缀仔图案，她们使用蜡烛火、酒精灯把彩色梳子烧融，有的用以前的凹凸花纹玻璃印压制作出来各种纹样。

（b）缀仔的图案（图 2-1-33）：缀仔多

图 2-1-31　缀仔不同种形状

(a) 不同时期流行的缀仔

(b) 手工缀仔背面

图 2-1-32　不同时期各种形状的缀仔

图 2-1-33　发射太阳花图案

以自然花朵、动植物纹样为图案，多为发射骨架，以圆为中心向外发射（图 2-1-34）。也有不同时期流行的宗教像章、领袖像章和金属花瓣等，图案基本是对称图形，通常不少于三个层次。

（c）缀仔的色彩：缀仔的色彩起到装饰

图 2-1-34　叶鸟纹缀仔

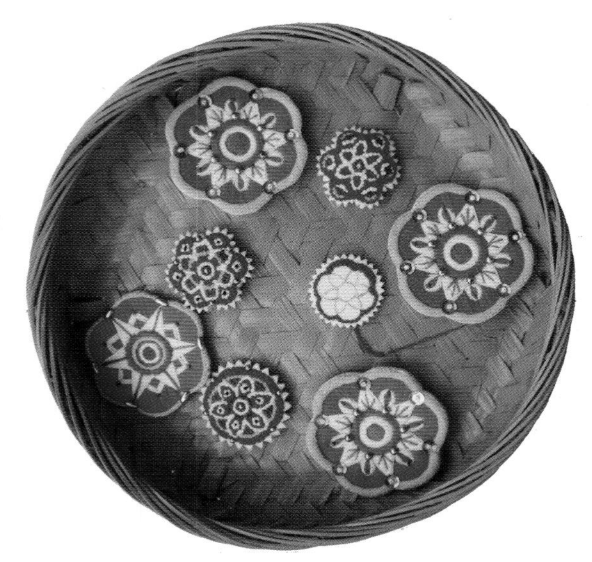

图 2-1-36　红黄绿太阳花纹

的作用，蓝天白云下，金色沙滩的掩映，为了弥补早期头巾单一蓝、绿色调，惠安女们制作的红、黄色系的彩色缀仔（图 2-1-35、图 2-1-36），与蓝、绿色头巾形成对比的互补色，跳跃在惠安女美丽的头巾上。这些大自然最纯的颜色被惠安女信手拈来，成为她们美丽头饰不可或缺的一部分。

（4）花头巾制作材料和方法：花头巾的制作材料准备如下：头巾布一条，早期一般是 60 厘米 ×60 厘米的正方形棉布，单色图案，白底蓝花或绿花，蓝底或绿底白花，现在一般采用仿真丝化纤面料，尺寸一般为 70 厘米 × 70 厘米，大岞还是以蓝、绿色花为主调；头巾架一根，事先用毛线、铁丝做好备用；不同装饰的缀仔若干个；大头针 2 ～ 3 个，固定头巾架与头巾（图 2-1-37）。

图 2-1-35　红黄鸟纹

图 2-1-37　大岞头巾准备材料

花头巾的制作方法如下（图 2-1-38）：

（a）沿头巾正方形对角线，大约在边长的 2/3 处对折成三角形。

（b）对折三角形中间用大头针固定好头巾架。

（c）然后戴在头上，找到下颏处适合的位子，别上缀仔别针，在下颏固定点的位子，沿水平线折 1 厘米左右的折，给脸部一个柔和的过渡。

（d）以下颏固定点为中心，装饰缀仔，数量随个人喜好，一般以对称分布。

（e）装饰头巾背面，在头巾架左右，位于头顶部位，对称装饰 2 个缀仔，这个头巾就做完了，挂在家里，需要的时候直接戴在头上，而非现做现戴。

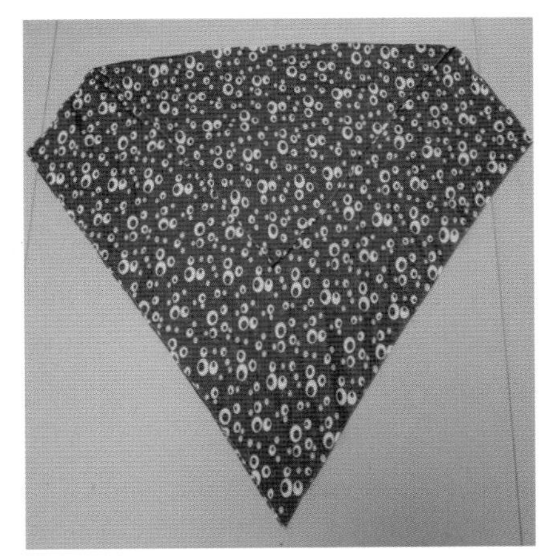

(a) 大约在边长的 2/3 对角折叠

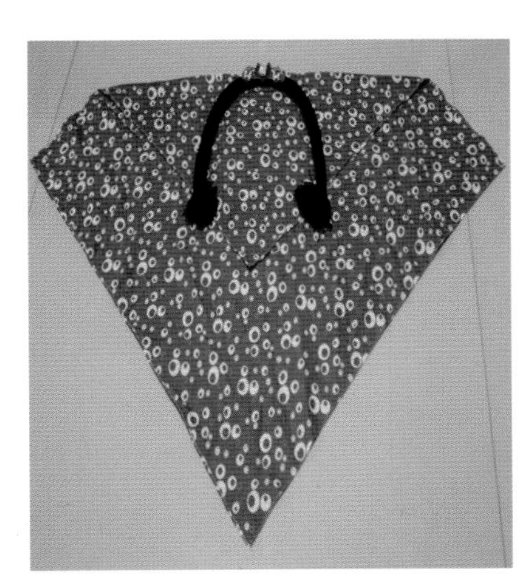

(b) 对折水平线中间固定头巾架

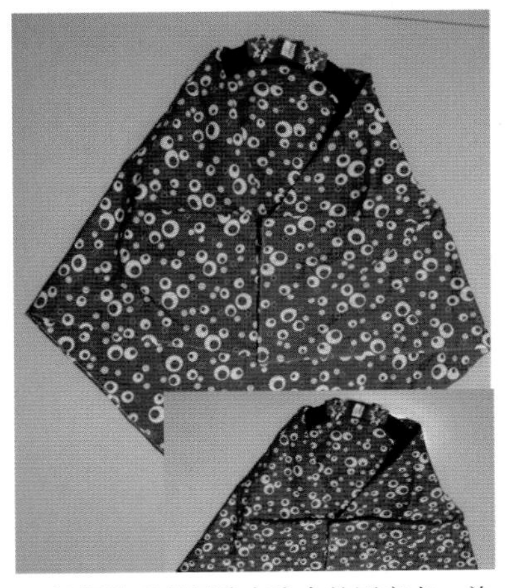

(c) 根据脸型长短确定头巾的固定点，并在同一水平面上折 1 厘米左右

(d) 缀仔装饰固定

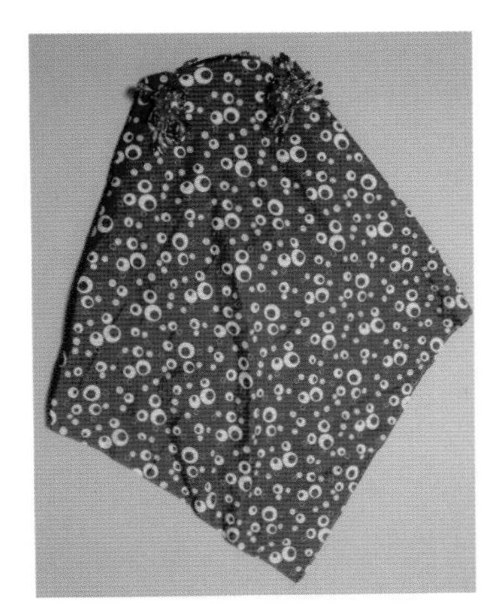

(e) 装饰头巾背面

图 2-1-38　头巾制作方法

（二）老年妇女发型与头饰

崇武、山霞老年妇女头饰，沿袭新中国成立以前的目镜头，目镜头髻四个U形对角金钗减少到左、右各插一根（图2-1-39），也有使用三根金钗的，在圆形发髻正上方插一根，左右对称各插一根（图2-1-40），黑巾由原先垂面至衣身，演变到沿额头包到脑后，先前的绿色线“巾仔头”置于圆形发髻下作为头饰的一部分（图2-1-41），现在这种发型称为“螺棕头”或“圆头”，老年不戴花头巾，但出门戴斗笠。

图2-1-39　大岞老年妇女圆头

大岞、山霞中老年妇女发式比较简约，夏天一般不包头巾，把辫子分散在脑后两侧（图2-1-42），20世纪90年代还流行烫假发（一

图2-1-40　三根金钗的圆头

图2-1-41　包乌巾绿色线巾仔头装饰

图 2-1-42　老年惠安女发饰

般是自己头发，或者家人头发）来装饰，固定在头顶然后散在脑后两侧，称为“剪头棕”（图 2-1-43），现在老年妇女还有这样装束。

1. 圆头发式结构

圆头发式由一个扁圆形的发髻组成（图 2-1-44、图 2-1-45），金银梳、金银插件、彩色塑料梳，还有各种花饰和乌巾，共同组成一个圆头发饰。圆头髻早期是真发在脑后梳一个髻，基本和大头髻的发髻一致，近似长方形，再用发网固定、压平，现在都是其他材料做好了的圆头发髻，直接戴在后脑勺上，在发髻左、右各插一个金色的 U 形发卡，一般用金、银、铜制花插，先用一个金银打造的弯梳固定在头顶（图 2-1-46），再插上红绿塑料梳子作为装饰，富有的人家就用金银打造，有纯金打造，也有金包银工艺（图 2-1-47），由于老年头发稀少，现在基本都是用假发髻直接插在头上，不留刘海，冬天包乌巾，第一保暖，第二能够掩饰落发的头顶，当然头饰习俗随着时代发展传承同时也在革新。圆头髻左右还要饰以各种花饰，色彩以红、黄为主色，材质有布花、塑料串珠花（图 2-1-48），还有以绒线球、绿色塑料丝作为装饰（图 2-1-49）。

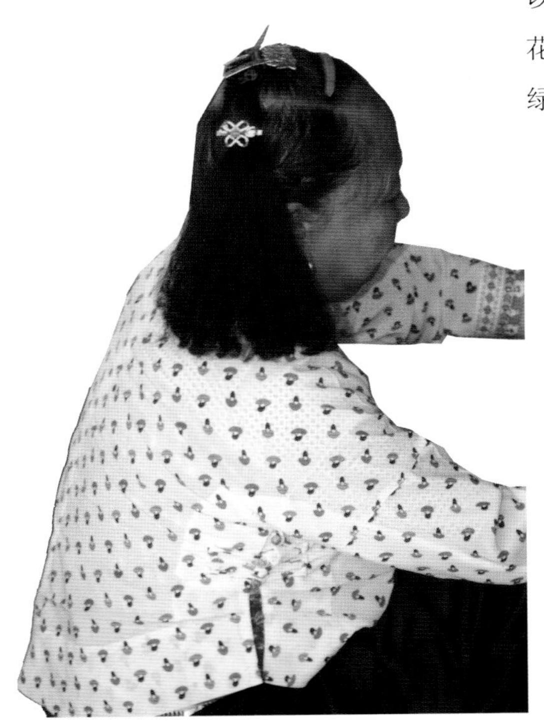

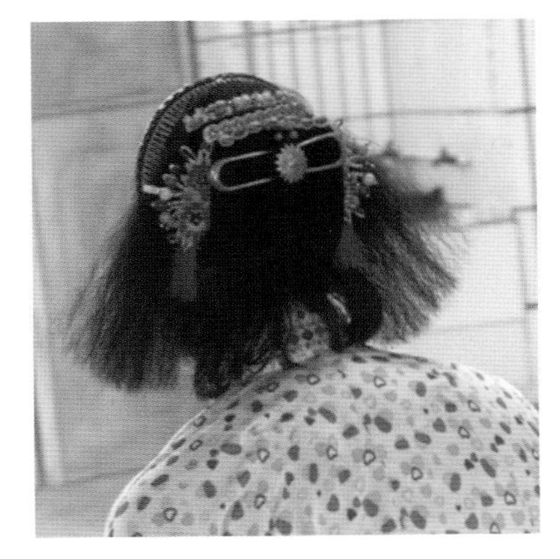

图 2-1-43　假发装饰

图 2-1-44　圆头髻

图 2-1-47　各种金头饰

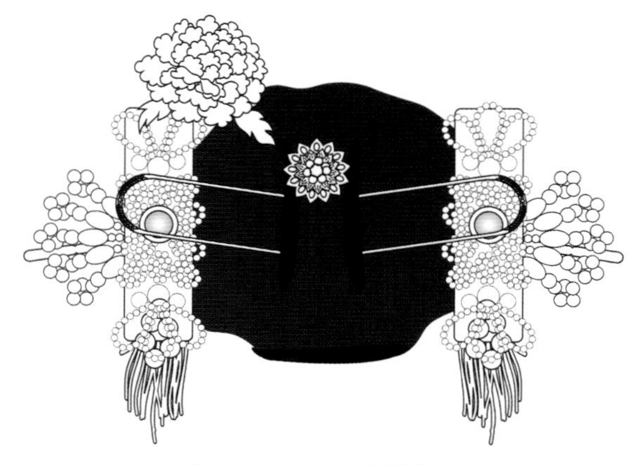

图 2-1-45　圆头髻线稿

图 2-1-48　塑料串珠花饰

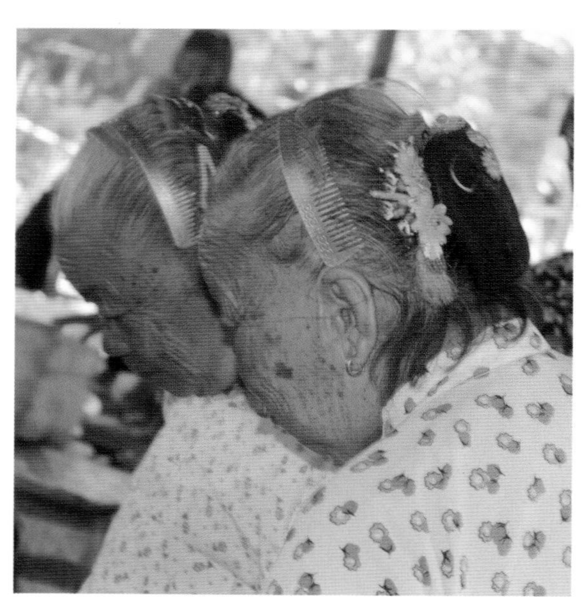

图 2-1-46　金银弯梳

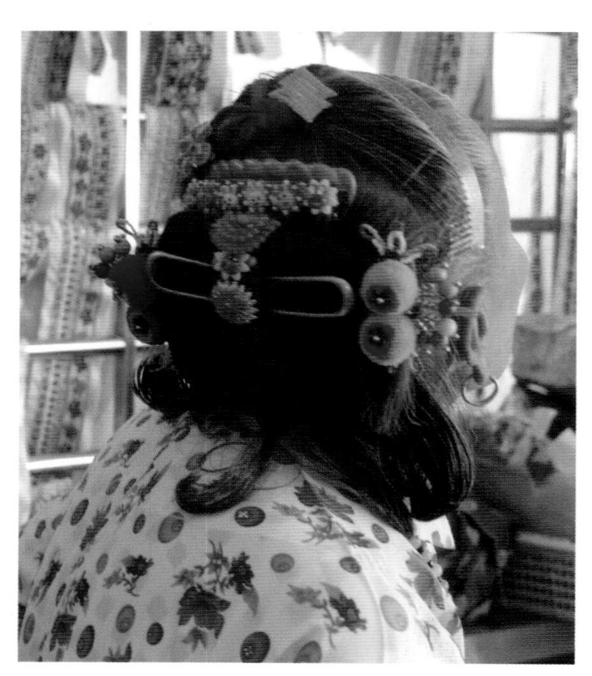

图 2-1-49　毛线球花饰

2. 老年妇女乌巾的围系方法及步骤

老年妇女头上会包上一条黑色绉纱巾，称为乌巾，一般60岁以上老人才会包乌巾，乌巾两端用绿色线绣上或机缝上图案作装饰，在发髻边缠绕两圈，留着绣有绿色两端的巾仔头于身后，然后用饰有珠花的别针固定，这条黑巾一般是媳妇送给婆婆的礼物，百年后也要戴上入殓的。关于乌巾还有结婚时的民谣：乌巾罩上头，夫妻通透流；乌巾罩依前，夫妻出人前；乌巾罩依后，夫妻吃到老；乌巾罩平平，夫妻好万年。

黑色绉纱巾长度约250厘米，宽度约25厘米，材质：黑色棉绉纱，黑巾二分之一处填充棉布，长度约20厘米，大岞妇女是叠几层棉布，后再缠上乌巾，山霞妇女把棉布填充固定好，目的是让黑巾围绕额头处有一个立体的效果。具体步骤如下（图2-1-50）：

(a) 先将黑巾立体部位对准额头，纱巾两段从脑后交叉绕到胸前。

(b) 理平落到胸前的黑巾。

(c) 左边的纱巾绕过额头向右经过脑后，绕到前胸，用下颏夹紧。

(d) 右边的纱巾经过额头绕向脑后。

(e) 纱巾交叉在脑后系紧，两端垂到肩头。

(f) 在额头两侧用彩色别针固定头发与纱巾。

(g) 然后戴上圆头髻。

(a) 黑巾从额头向脑后交叉

(b) 巾尾绕到胸前

(c) 左边黑巾向右从额头绕向脑后

(d) 右边的黑巾向左绕到脑后

(e) 黑巾两端在脑后交叉系紧

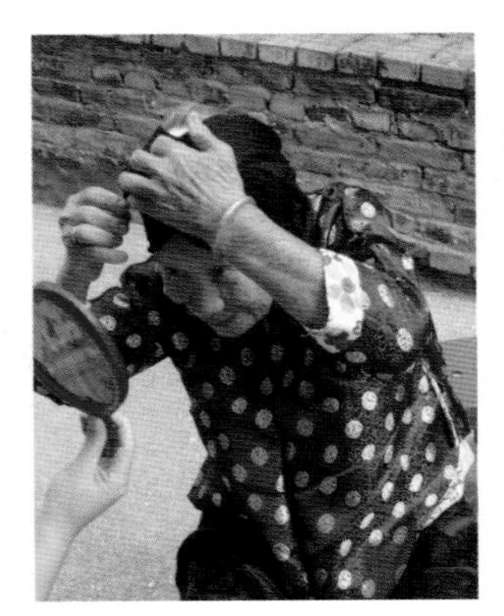
(f) 额头左右别上彩色珠花固定黑纱

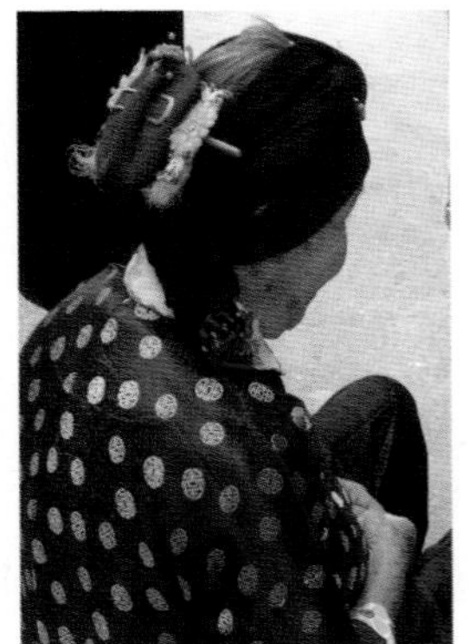
(g) 别上假发髻

(h) 系好的黑巾

图2-1-50 山霞老人黑巾系扎方法

（三）崇武、山霞惠安女标志性的黄斗笠

1. 黄斗笠的来历

黄斗笠不是自古就有的，它兴起于 20 世纪 50 年代，自此妇女参加集体劳动，便将斗笠作为外出劳动遮风挡雨的用具。1958 年修惠女水库[1]时，有人率先在斗笠上加上黄漆，原本斗笠只刷上桐油防损，这一创举很快被流行起来，后来还在斗笠尖顶上小棕片漆上四个红色三角形（图 2-1-51），周围还钉上四颗绿色塑料扣子，里面同样四颗扣子，以固定两

图 2-1-52　大岞斗笠背面

图 2-1-51　大岞斗笠正面

条带子，带子上有色线绣图案，图案按个人喜好而绣，没有特定的图案，同时饰以各种材料装饰物（图 2-1-52），现在斗笠已很少人使用了，基本都是装饰品了。

2. 黄斗笠的装饰风格

崇武、山霞妇女戴的斗笠装饰风格艳丽、独特。斗笠原本只是普通的防雨、防晒工具，通过惠安女灵巧双手改装成现代的装饰头饰，惠安女斗笠的装饰风格也在与时俱进。斗笠外型顶部呈锥形，斗笠沿呈弧形，在锥形的部分对称装饰四个相连的三角形的棕片，并用红漆漆成鲜红色，四个角还钉上翠绿的塑料扣，这是外观装饰，斗笠里面的装饰也毫不逊色，流行阶段不同，斗笠两边会镶上不同的绢花、绒花、塑料花等（图 2-1-53、图 2-1-54）。斗笠里面可以夹手绢、镜子、照片和香囊（图 2-1-55、图 2-1-56），但这些功能都无法超越斗笠的装饰性。许多妇女把它视为珍宝，去夫家时、结婚时都要备上这个黄斗笠，但新媳妇当天不戴斗笠，到第三天晚上回夫家才戴上这精心装饰的黄斗笠。

3. 自制斗笠花和刺绣斗笠带

斗笠花是 20 世纪 70 ～ 80 年代流行的自制斗笠装饰品，斗笠花的材料也随着不同时期的流行材料而改变，斗笠花和头巾上的缀仔装饰相一致，毛线刺绣图案加上珠绣等相结合（图 2-1-57），塑料制品盛行时，又改为塑料花装饰（图 2-1-58），它们分别固定在斗笠的内侧，

[1] 惠女水库，原晋江罗源乡乌潭水库。1959 年，为表彰惠安妇女战天斗地建设水库的辉煌功绩，水库正式命名为“惠女水库”。

图 2-1-53　塑料斗笠花装饰

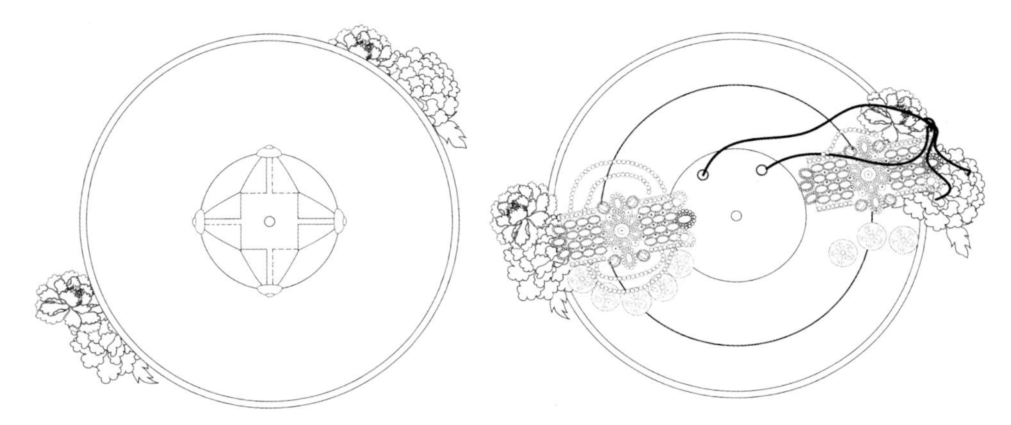

图 2-1-54　塑料花装饰斗笠线稿

图 2-1-55　插梳、插照片斗笠

图 2-1-56　夹相片的黄斗笠

图 2-1-57　线绣、珠绣斗笠花

图 2-1-58　塑料斗笠花

走动起伏时隐约露出，虽然艳丽但又不张扬。制作手工斗笠花时先取一个 7 厘米 ×14 厘米的长方形海棉板作为底板，用橙黄色的棉布包住、缝紧，然后根据自己想要的纹样，用铁丝穿各种颜色的塑料珠，分行固定，一般是先以一个大花图案（6 瓣居多）为中心，左右对称排列红绿串珠纹，横竖行红绿珠错开，色彩和缀仔一样，以黄、红、绿为主，用白色、金色点亮色。在底板上沿，从背面用弹簧固定若干个毛线绒球，颜色也是大红、玫红、柠檬黄、翠绿、白色，同样没有蓝色。另外还用细塑料丝编织几个小蝴蝶，插在绒球与底板之间，随着走动弹簧控制绒球，如万花丛中蝴蝶颤动。底板背面还要用一些绿色塑料树叶来衬托，真正应了红花好看，还要绿叶相衬的道理（图 2-1-59、图 2-1-60）。

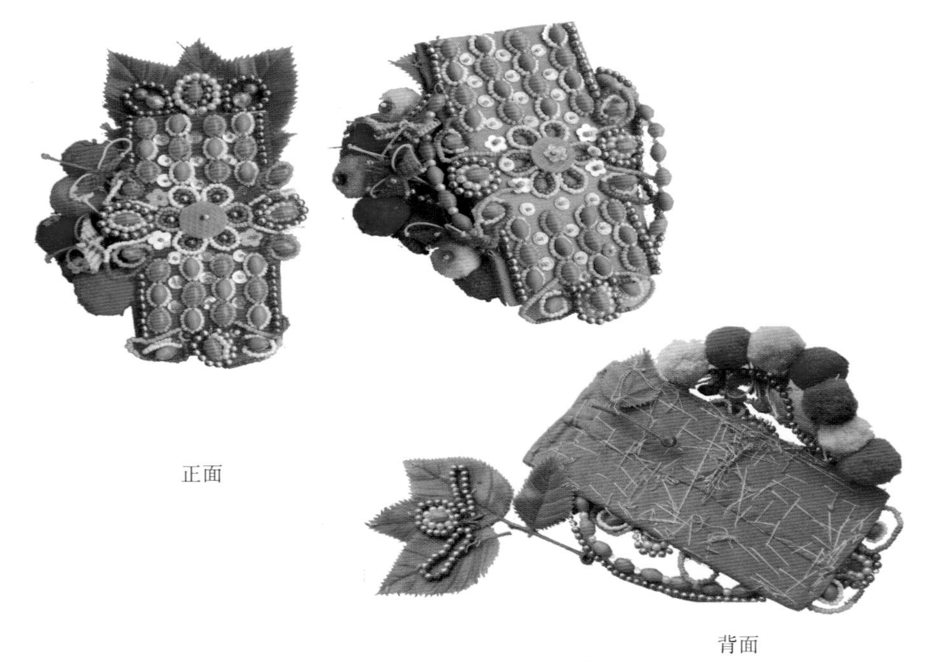

图 2-1-59　手工斗笠花

图 2-1-60　斗笠花线稿

刺绣斗笠固定带，为了怕海风吹走斗笠，两根带子固定在斗笠头围处，为了美观，惠安女继续用红、黄、绿彩色绒线，在斗笠带的下半部分绣上花叶、果实等纹样（图 2-1-61）。

图 2-1-61　刺绣斗笠带子

六、崇武、山霞惠安女发型与头饰的文化内涵

（一）头饰独特的审美与地理环境密切相关

大岞村渔女包头巾戴斗笠与自然环境有着密切的关系，为了抵御风沙的侵袭而沿袭下来戴头巾的习惯。大岞村渔女的花头巾多以蓝、绿、白为基本色调，这与她们所处的环境色相辅相成。蓝色的大海和天空，黄色的沙滩，还有葱绿的田野和树木，这些颜色在她们眼里是最美的颜色。她们从大自然色彩中得到启示，于是便有了蓝、绿色基调各种花式的头巾，独特的黄斗笠还有斗笠上的四块红色三角形，鲜艳的绒花、塑料花作为装饰，这些互补色的对比，与花头巾围成的清一色瓜子脸，交相呼应，瑰丽灿烂。她们不仅仅把这些单纯作为生活用具，而是赋予它更多的美化装饰，这是一种艺术创造，这也是大岞村渔女们通过劳动与自然环境共同创造的艺术，正如伟大的艺术家丢勒所说："真正的艺术包含在自然中，谁挖掘它，谁就能掌握它。"

（二）头饰承载地域风俗文化的特色

在封建礼教严重的环境中，竟然有如此瑰丽的头饰，这与地域风俗文化是分不开的。风俗是服饰滋生的土壤，服饰同时也推动风俗的发展与演变。惠东县风俗的特殊性主要表现在妇女服饰和婚俗上，改革开放后，常住娘家的现象已被改变，但服饰一直被保留。传统头饰在大岞村是一个女孩成年的标志，她们在十二三岁前与其他地区同龄孩子没多大区别，但在订婚或结婚后便开始梳传统发髻，这是一种身份的象征。结婚当天“上头”就是梳大头髻等传统发髻，“上头”后还要“开脸”，就是用细线蘸白粉把脸上汗毛绞掉，将眉毛绞细，这是典型的重头脸的传统观念。在惠东婚后常住娘家的风俗里，婚后回夫家都是重大节日，头饰便是整个服饰中的重中之重。另外，惠安渔女的头巾不仅有防风防沙的功能，还有遮羞的作用。20 世纪 50 年代大头髻和头棚似的巾仔被废除后，花头巾取代了黑巾，和黄斗笠成为主要的延续头饰，这一切都是与风俗文化分不开的。社会环境的变化推动惠安女头饰的演变，在 1951 年土改的破旧俗运动中，大头髻、巾仔、目镜髻都成了反和破的对象。70 年代末以来，改革开放带来市场的繁荣，妇女外出经商和打工的越来越多，长期被压抑的大岞村妇女重“花况”（爱打扮的意思）的心理被释放，出现了现在五彩缤纷的惠安女特色服饰。惠安女服饰，作为一种民俗文化，也足以同现代的文化麓美。

（三）渔女头饰为典型的族群标志

同是惠安女头饰，却有着不同的族群标志，大岞村传统服饰的大头髻、头棚一样的巾仔和老年妇女的螺棕头，与小岞和净峰妇女的发饰是迥然不同的，从形制和装饰，都有着明显的区别，当地人从她们的头饰一眼就能分出谁是大岞，谁是小岞，这些特征都带有典型的族群标志。服饰是人类物质文化的重要组成部分，每个地域服饰特点都体现其独具特色的生活习俗和特有的审美观。大岞村渔女发饰特征区别于中原传统服饰文化，以奇特瑰丽的形象生活在闽南海岸线上，具有典型海洋文化特征。它们不仅反映了大岞村人民的勤劳和善良，也显示了大岞村渔女的高度智慧和艺术才能。透过大岞村渔女头饰的特征深刻地感受到生活在海岸线的渔女们对生活中美的发现和重视，以及对生命本体的关注[1]。

第二节　小岞、净峰惠安女发型与头饰

福建省惠安县东面两条狭长的半岛，分别叫崇武半岛和小岞半岛，而小岞半岛上的惠安女头饰较之崇武半岛，表现更为原始古朴，犹存千年遗风，小岞、净峰惠安女头饰目前记载的史料是从清末民初到现在，清末盛装的“大头髻”到平时居家的“贝只髻”，过渡到“圆头”“双股头”和“螺棕头”，以及新中国成立以后形成的黄斗笠和花头巾（图 2-2-1），

图 2-2-1　现代小岞头巾、斗笠

[1] 卢新燕．福建惠安县大岞村渔女头饰特征及文化内涵 [J]. 装饰，2013（7）．

历经了世纪的演变，现代小岞中青年妇女头饰是以黄斗笠和花头巾为代表，老年妇女仍然梳螺棕头（图 2-2-2）。

图 2-2-2　老年妇女螺棕头

一、小岞、净峰惠安女发型与头饰概述

（一）未婚女发型

小岞、净峰少女辫发与其他地区汉族女孩发式没有多大区别，先将头发分成三股编成单长辫，辫子上端和末端分别捆上红绒线或黑绒线，上端系的红绳称为“髻索”，下端系扎绳称为“髻尾”，如遇丧事就改为白色或黑色的绒线，然后将髻尾盘在头上，挂在右边，额前留刘海，婚后才可以梳髻。

（二）结婚及婚后的发型与头饰

小岞妇女结婚和婚后的发型相当复杂，有盛装与便装之分，结婚的发型在惠东俗称为“上头”，也就是少女的辫发改梳为传统头饰盛装大头髻，这便就是已婚的标志。由于惠安女在未生育之前，常住娘家，所以仍然梳单长辫，节日回夫家才梳“大头髻”盛装，等到生育后常住在夫家，住夫家后日常发式梳贝只髻，遇见陌生人用黑色绉纱巾罩面。“大头髻”顾名思义，由体积硕大而得名，直径在 60 厘米以上，重量达二十余斤，以各种金属插件关刀、花戟等武器作为装饰。随着历史的进程又演变成双股头、圆头、螺棕头，弘一大师李叔同曾到小岞附近的净峰寺，在给高文显的信中写到“净峰……民风古朴，犹存千年之装饰……”。

新中国成立以后，早期结婚时梳的大头髻、贝只髻已消失，被双股髻、螺棕髻所替代，现在老年妇女依然梳螺粽髻，中青年妇女改为包头巾戴斗笠，形成现代惠安女的头饰风格。

（三）小岞妇女发型与头饰的渊源传说

关于小岞妇女的奇特头饰，民间传说不一，主要有三种，第一种是关于南宋宰相李文会二公子的抢婚的传说，李文会生于小岞的内村，其二公子看中宁波康员外家的贤惠美貌的独生女儿康小姐，由于康小姐拒婚，所以就有了抢婚之说，乘月夜康小姐到花园赏花时，用乌巾罩住康小姐的头，用大丝巾捆住她的身体，用手帕塞住她的口，抢回府中。二十年后，康小姐嫁女时，就给女儿头上梳扎发髻，插上一百支发簪，刀枪剑戟武器都有，表示对自己婚姻一百个不满意，然后头上罩上乌巾，双手戴上手镯，用这些来纪念当年被抢的情景。[1]

第二种是“臭头皇后”传下来的说法，唐末，惠安镇安铺后乡工部侍郎黄裕家有一女黄厥，被王审知入闽后选入宫为妃，生下王延

[1] 惠安县民间文学集成编委会 · 中国民间故事集成 · 惠安县分卷．惠安：惠安县印，1992：291．

钧，王延钧称帝，追封他的生母黄妃为太后，这个皇妃就是惠安民间传说的“臭头皇后”，小岞妇女头饰据说是“臭头皇后”相传下来。

第三种关于包头巾和武器造型的头饰源于明代抗倭，包头巾不露面是为了便于战斗，头插铁制的剑形簪钗是用以杀敌和保持名节。小岞、净峰妇女这些奇异的发式在惠东其他地区绝无仅有，而且汉族史上也无此造型，其历史渊源一直在考究中，常被怀疑为少数民族，但就目前考证，惠安女属于汉族一个特殊的群体，大多数人认同其头饰是汉民迁入与当地土著（古闽越族的后裔）联姻后，保留下的民俗特色，这一说法被大多数学者认同。

二、清末至20世纪20年代发型与头饰

（一）盛装大头髻的造型及装饰特点

小岞、净峰妇女盛装发饰大头髻以体量硕大而得名，其形状如蒸煮器皿“簸箕髻”，俗称“埔缀”髻（图2-2-3、图2-2-4）。大头髻直径约60厘米，以金属装饰为主，风格繁缛复杂，佩戴饰物多达100多件，重量有

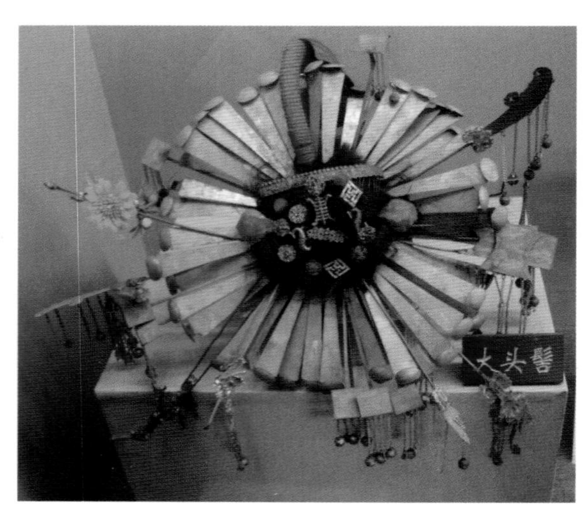

图2-2-3　小岞女大头髻

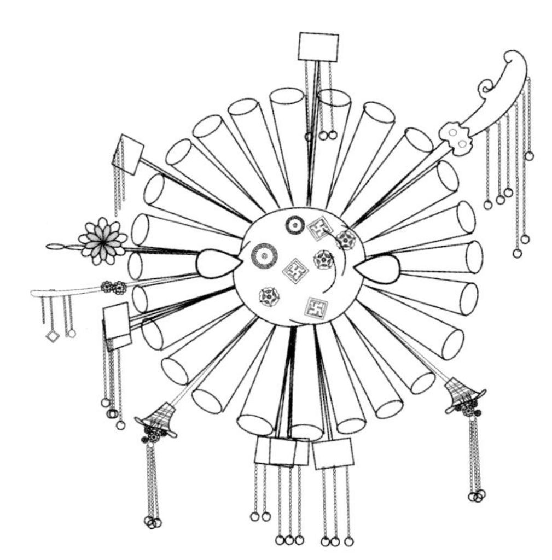

图2-2-4　大头髻线稿

20余斤，一般进门都要低头、侧身才能通过，结婚当天要请命好的、善于梳妆的妇女来梳，以图吉利，大头髻如此硕大，至少要3～4个人帮忙才能完成，所以在盛大节日才梳妆。由于大头髻大而重的特点，许多妇女因头发不能负重而提早脱发，惠东有句俗语“七支头毛辫八把”就是由此而来。

具体发髻梳理程序如下：

（1）梳基本发式，先把头发分前、后两部分，然后在头顶上立一个15厘米左右的藤架（俗称“猪仔”），前半部分头发与猪仔捆在一起向后披出去，与后面头发在此合拢，用红绒线捆住不让其移动。

（2）藤架扎稳后做“髻塞”，就是后脑中间圆形的髻，髻塞一般是用稻草、甘蔗渣为芯，辅助其体积，直径约18厘米，黑布包扎成圆形，目的是用来插各种金属饰品。

（3）用合拢在猪仔上的头发裹住髻塞固定，这样基本发型便梳好了。

（4）围绕髻塞开始插饰品，饰品种类和数量都是惊人的。先沿髻塞周围插上银质或白

铜制成的骨架左右 48 根（也有资料记载各 64 根），骨架长约 26 厘米，厚约 0.5 厘米，首宽 1.8 厘米左右，上宽下尖便于插入髻塞；额头插两把长约 45 厘米的凤头簪称为“头花”，左、右各插三支凤头簪称为“鬓挑”，上方两边还插摇鼓，摇鼓是铜银合金，周围有小铃铛（图 2-2-5），花垂（铜质镀金，下垂绒丝，长约 30 厘米），关刀、戟（铜质镀金，长约 30 厘米），另外还有孔雀毛（长约 30 厘米）、银后圈、杖针和其他碎插共百余件，除杖针以外，其他都是成双成对装饰；髻塞中央也布满各种银牌、卍字等其他小饰品，髻塞下延还要装饰一排银铃。这里特别要提的是杖针（图 2-2-6），杖针不是一般饰物，它是用于新婚丈夫泻精不止时的救亡器物，在给新娘上头时杖针上还要插一块肥肉，起到润滑作用，女方妈妈或媒婆会在婚前进行操作教育，杖针在“大头髻”所有饰品中是唯一兼具装饰与功用的饰物，具有不同寻常的特殊意义。[1]

（5）头髻完成以后，早期额顶上还要戴一条黑色绉纱巾，垂于下颏，用于见到陌生人遮面之物，包括自己的丈夫都羞于露面，以至于有结婚几年夫妻相互不认识的现象出现，后期黑巾两端配上彩色巾仔头（图 2-2-7），最后还要配上硕大如蚊帐钩一样的耳环（俗称“耳栓”），这样隆重古朴的大头髻才算完成。

图 2-2-5　摇鼓

图 2-2-6　杖针

图 2-2-7　巾仔头大头髻

[1] 新加坡惠安公会．净峰乡五十年前妇女发式追记[M]．新加坡：大众印务有限公司，1979：289．

（二）婚后便装发型贝只髻

贝只髻较之大头髻要轻便多了，是婚后女子住夫家时的日常发饰，因为髻的形状像牛腿和短棍，民间又俗称“牛腿枪”“短棍髻”和“高射炮”（图 2-2-8、图 2-2-9）。贝只髻与大头髻是同一个时期共存的两种不同发饰，一个是盛装发型、一个是便装发型，贝只髻不是大头髻的演变，发型与发饰各自特征明显。

和大头髻相比，贝只髻没有“大头髻”的金属骨架和髻塞，所以也就没有簸箕的外形，从外形上没有共同点，贝只髻有一个大头髻没有的发棒，“发棒”是用头发和黑布扎成，长约 45 厘米，20 世纪 30 年代后期又增长至 70 厘米，小岞有首民谣：“贝只缚有二尺二，不信竿尺拿来量”，可见发棒之长，但发棒随着年龄增长越来越短，老年妇女也只有 30 厘米。贝只髻与大头髻不仅区别于此，贝只髻头顶还要插两支“白骨”（牛骨）装饰。贝只髻的材料准备有藤架猪仔、发棒、金银碎插、巾仔和面镜。具体发髻梳理步骤如下。

（1）基本发型固定，和大头髻一样，将头发分为前、后两部分，不留刘海，依然保留“猪仔架”，放在头顶偏前处立好，呈凸形，用前半部分头发覆盖住。

（2）事先做好一根约 45 厘米的发棒（图 2-2-10），发棒由草芯黑布捆绑组成，前后头发与发棒合拢，分上、下两段用红绒线扎紧，其末端发尾内卷起来，似拳头状，用红绒线扎紧，再用蘸柴汁或芦荟汁涂抹，使其不易散乱，这样基本髻完成。

（3）插饰品，不同于“大头髻”的是，“贝只髻”去掉了硕大的金属骨架，换成 2 根白骨，牛骨长约 20 厘米，宽约 5 厘米，上宽下尖，其上端各系一条银链，连接于“贝只”发棒末端。此外还有银角牌、鬓边牌及各式图案的梅花、国旗、卍字等小件银质碎插作为装饰，插入发中，耳朵上也同样挂上帐钩耳环，但已经很小了。

（4）发髻整理完后，还需要佩戴面镜和巾仔，面镜是在一条 3 厘米宽左右的双层黑布

图 2-2-8　贝只髻

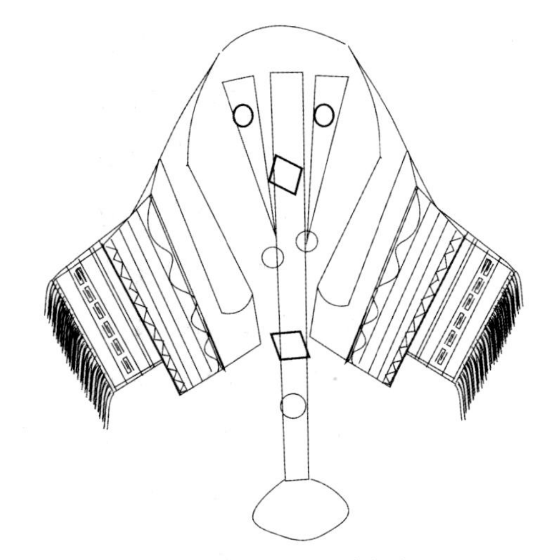

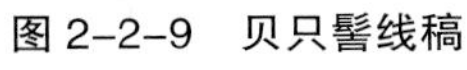

图 2-2-9　贝只髻线稿

图 2-2-10　发棒

上缝上多枚圆形多角的银片（图 2-2-11），横过额头的上方系在脑后，由于婚后发型都不留刘海，所以额头与黑巾之间，通过面镜和彩色插梳来装饰。贝只髻的巾仔为长 1 米，宽 33 厘米的黑布头巾，折叠成一个帽子戴在头上，用扣子扣在脑后，巾仔两端用各色丝线绣纹样装饰“巾仔头”（图 2-2-12），纹样有花草鱼虫、几何纹样、人物故事场景各种题材（图 2-2-13），巾仔中央还配上多条羽带（图 2-2-14），长约 80 厘米，宽 2 厘米，色彩为红、橙、黄、绿、紫多种颜色。走动的时候伴着随风舞动的巾仔，如蝴蝶展翅。贝只髻虽然比大头髻简约，但在日常生活中还是极度不便，

图 2-2-11　面镜

图 2-2-12　刺绣巾仔头

图 2-2-13　不同刺绣纹样巾仔头

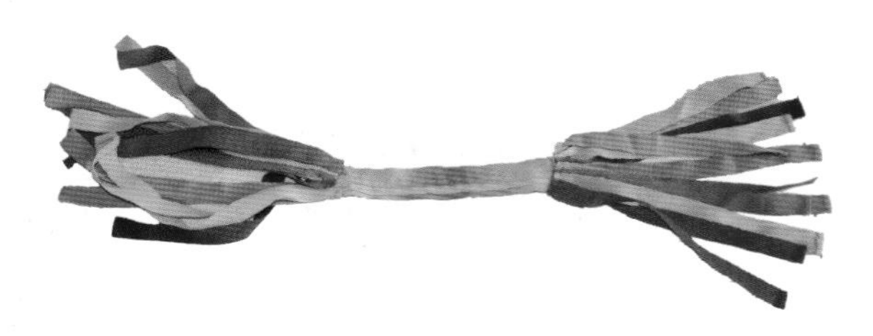

图 2-2-14　配黑巾的羽带

有时转身都能打到别人，夜间只能侧睡，这种髻在新中国成立以前便被淘汰，被圆头髻所代替。

图 2-2-15　圆头髻

三、20 世纪 30 ~ 50 年代发型与头饰

传统习俗也同样遵循时代的发展规律，惠安女头饰的变化也遵循了由繁至简的变化规律，20 世纪 30 ～ 40 年代，大头髻、贝只髻慢慢被圆头髻、双股髻、螺棕髻所替代。

（一）圆头髻

随着时代的发展贝只长度越来越短，猪仔架也被取消，最后演变成圆头髻（图 2-2-15）。圆头梳理要比大头髻、贝只髻简单多了，首先取消了猪仔架作为支撑物，其次那些繁重如簸箕的金属骨架、插鼓、关刀、花戟、牛骨等也都不用了，长发棒缩短成一个椭圆形的髻，发型梳理时先把头发分为上、中、下三股，并用红绒线捆扎，盘在脑后成椭圆状，用“扁琶”“髻企”（发簪等）固定，再用一个铜质镀金的舌形髻垫固定头发，周围竖镶一排齿状饰物，以束住头发，再插上瓜子牌、银角牌等各种饰品，大耳环也改为耳链了。黑色纱巾节日、喜庆时戴上，平时用巾仔头遮盖，这个时期巾仔头宽度由原来的 8 厘米增加到 20 厘米，色彩艳丽，花纹也更加繁缛复杂，巾仔垂由原先黑色也改为金黄色或后面红色的丝织花垂（图 2-2-16），配上背后的五色羽带更显美丽。

图 2-2-16　金黄丝织花垂巾仔垂

（二）双股头

双股头是介于贝只髻与圆头髻之间的过渡髻（图 2-2-17），特点是发髻前半部分用贝只髻，后半部分用圆头髻。前半部分保留贝只髻的猪仔架和牛骨，后半部分采用了圆头髻固定发髻的髻垫，发髻上装饰也是介于二者之间，双股头掺杂在贝只髻与圆头髻中间有很长一段时间，其装饰繁缛艳丽，早期还是金银梳、各种银碎插，牛骨有 2 根到 4 根不等，猪仔架与发棒之间彩色插梳数量越来越多，钱币在这个时期成为头饰饰品之一（图 2-2-18），早期为古钱币，面镜上面也使用圆形钱币装饰。

图 2-2-17　双股头

图 2-2-18　双股头钱币

（三）螺棕头

螺棕头是由圆头髻演变而来，原来的舌形发垫演变成方形髻模，装饰物集中在这个方形髻模上，装饰好的髻模直接戴在发髻上，整个发饰看不到头发，头发只起到一个固定髻模的作用，小岞、净峰老年妇女现在盛装时依然梳螺棕头（图 2-2-19）。螺棕头发髻的髻模是由惠安女自己手工制作，她们还分别制作一个大髻模和一个小髻模，当地人俗称“大头”和“小头”（图 2-2-20 ～图 2-2-22），大头用于盛装时佩戴，小头用于平时干活劳动时佩戴，髻模悬空戴在后脑勺上与黑巾和巾仔头搭配，如彩蝶展翅，正应了蝴蝶峒蝴蝶族徽的传说。在螺棕髻演变的过程中，也有出现过较简化的螺棕头（图 2-2-23），但没有延续下来，小岞、净峰惠安女还是以她们祖先传承的艳丽发饰为美。

螺棕头“巾仔头”固定在黑帕上，色彩更加艳丽，各种塑料发卡、塑料彩梳代替了银饰和铜饰，特别要说明的这些美丽的形状各异的塑料发卡，都是惠安女们亲手制作的，材料以彩色梳子为原料，经过截断熔化加工而成，

图 2-2-19　螺棕头

图 2-2-20　大头髻模

图 2-2-21　小头髻模

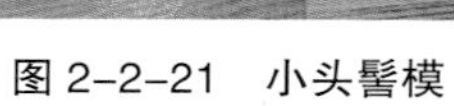

图 2-2-22　不同种小头髻

图 2-2-23　不同的螺棕头

色彩与形状以蝴蝶为素材。螺棕头的组成有黑巾、髻模、羽带、巾仔头、面镜、彩梳、塑料花夹等（图 2-2-24），螺棕头的梳理步骤如下（图 2-2-25）。

(a) 将头发整理分成上、下两个部分，各梳成 2 根独辫。

(b) 横过额头戴上面镜，将面镜绑在脑后。

(c) 上、下发辫辫尾卷起来和面镜带子一同捆绑成一个发髻，用于固定髻模。

(d) 将做好的大头髻模固定在发辫上。

(e) 戴上事先已经做好的黑巾，调整前后高度，使其舒适美观。

(f) 额头不留刘海，插上四种不同色彩的塑料弯梳，用于额头至黑帕之间的装饰，特别是老人头发稀少，弯梳和面镜装饰正好作了掩盖。

(g) 在黑帕后中合拢固定后，再加上彩色羽带，完成螺棕头。

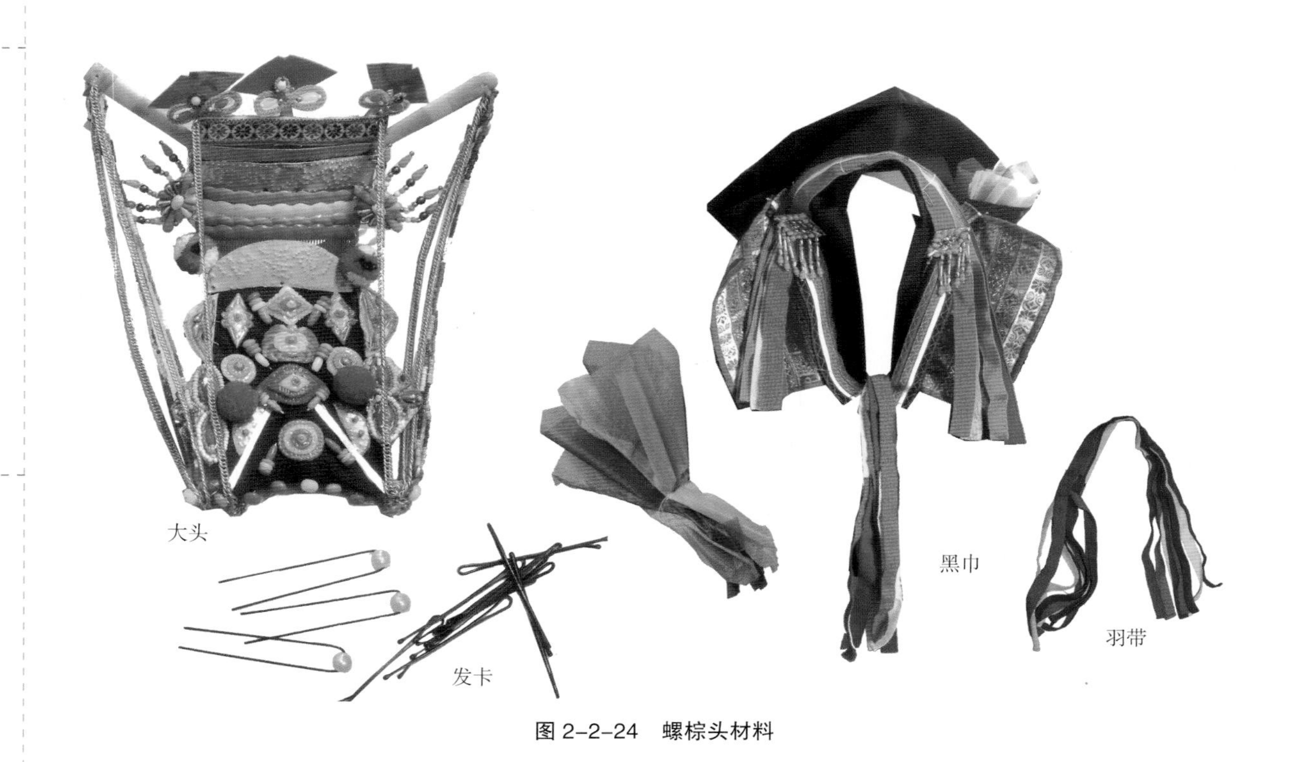

图 2-2-24　螺棕头材料

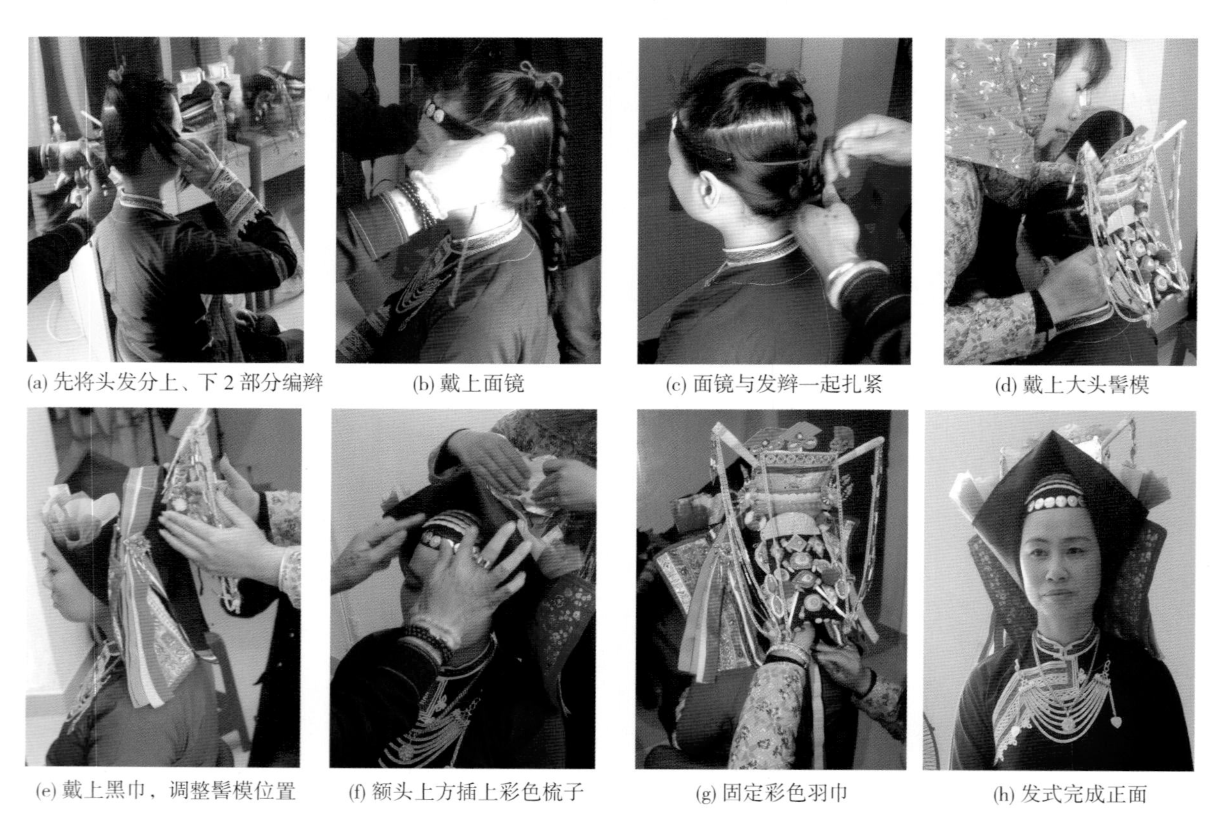

图 2-2-25　螺棕头梳理步骤

（四）小岞、净峰妇女装饰发髻的各种饰品

小岞、净峰妇女发髻的饰品材质与纹样也在与时俱进，早期金银碎插、发簪主要是梅花、卍字、龙凤吉祥寓意图案（图 2-2-26、图 2-2-27），同时伴有海洋元素锚链、锚钉、鱼、虾、螃蟹（图 2-2-28）等象形设计，从田野考察的资料获得，惠安女虽然地处偏僻，但同样具有与时俱进的审美需求，国内外钱币（图 2-2-29、图 2-2-30），抗日战争时期的“拥护领袖、抗战到底”的口号（图 2-2-31），还有宗庙纹样插梳（图 2-2-32），各种题材的惠安女发簪成为时代文化的见证。

图 2-2-26　龙凤发簪

图 2-2-27　龙纹簪

图 2-2-28　鱼蟹簪

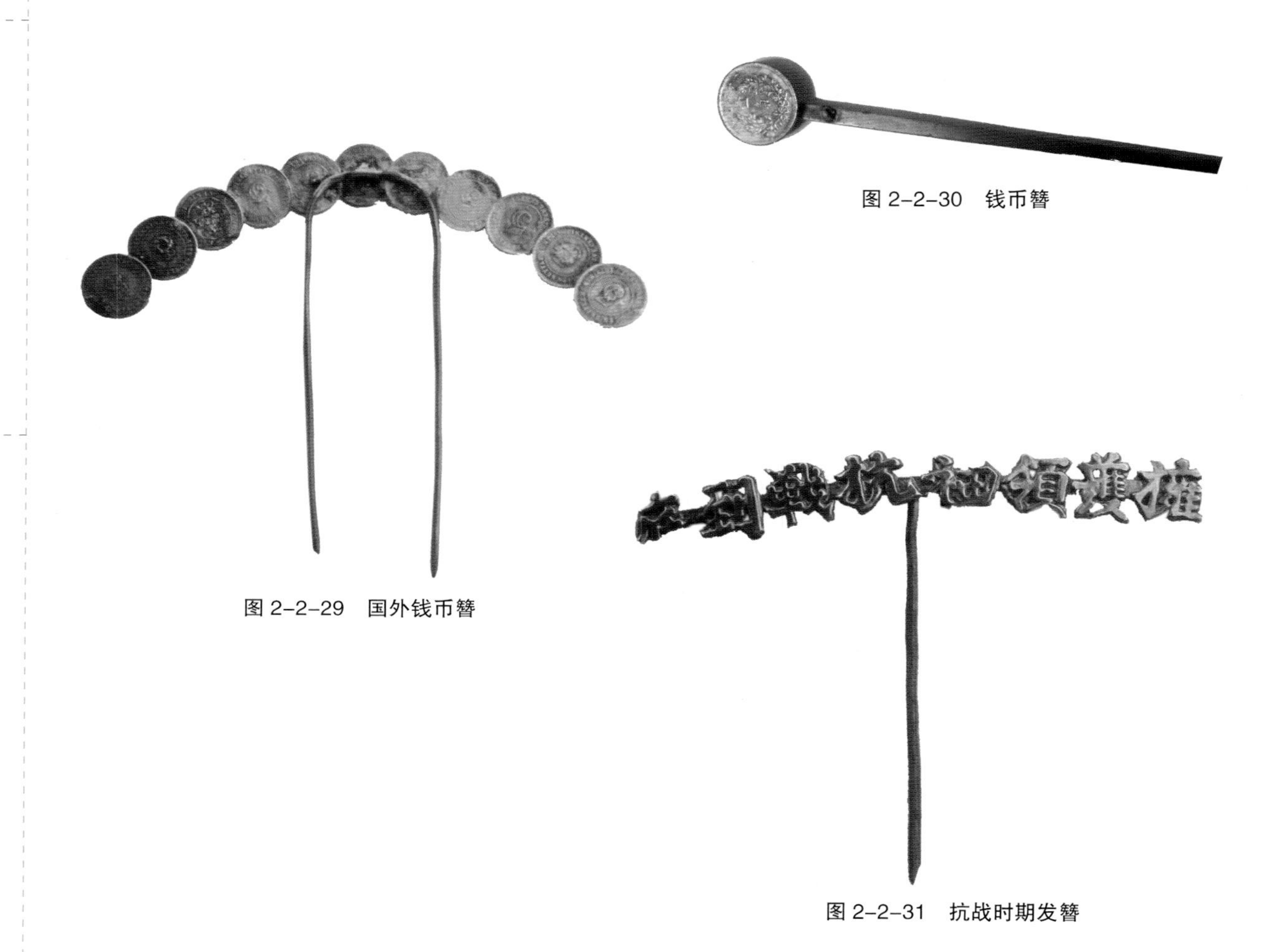

图 2-2-30 钱币簪

图 2-2-29 国外钱币簪

图 2-2-31 抗战时期发簪

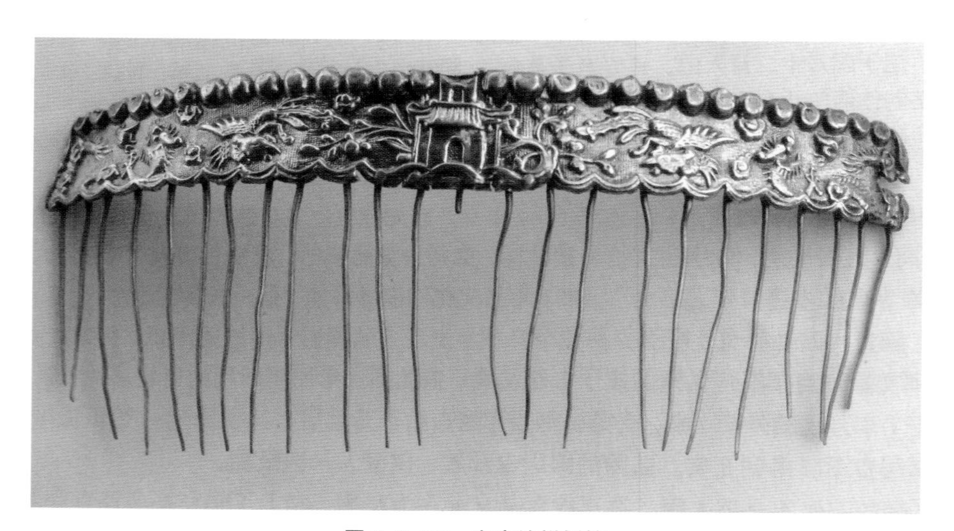

图 2-2-32 宗庙纹样插梳

四、20世纪50年代至现代的花头巾和黄斗笠

20世纪50年代后，随着社会的变革，生产劳动方式的改变，传统头饰越来越被简化，黄斗笠和花头巾在1958年修惠女水库的劳动过程中悄然兴起，年轻妇女很快接受新的事物，彩色巾仔也被花头巾代替，老年妇女依然保存她们那个时代的美丽螺棕头，惠安女在接受新事物的同时，传承、发展和变革并进。

（一）中青年妇女黄斗笠、花头巾头饰

小岞不同于大岞妇女，发型比较简单，没有“中扑”，头发在头顶中分或偏分辫成双辫，留刘海，头巾也没有大岞的头巾架，直接戴在头上，按头脸的长度在颏下用别针固定，头巾上没有“缀仔”作为装饰，只是固定头巾时做几个褶皱，目的是给头巾一个松度。小岞、净峰妇女戴的花头巾色系为以红色和黄色为主的暖色色系（图2-2-36），而大岞妇女以蓝、绿为主色调。斗笠是黄色尖顶平斗笠，没有大岞妇女戴的斗笠那么富有装饰，既没有四个红色三角，也没有花饰，相对大岞渔女头饰，小岞渔女头饰要朴素一些，当地人通过这些特征，一眼就能辨别大、小岞妇女的头饰特征（图2-2-33～图2-2-35）。

（二）老年妇女黑帕彩巾头饰

老年妇女发饰依然保留螺棕髻，便装时只戴黑帕彩巾，额头佩戴面镜和彩色塑料梳子。由于老年妇女头发稀少，头顶插上红、橙、黄、绿彩色塑料梳子与花头巾相呼应，同时起到掩饰脱发的作用。裸露额头上系上面镜装饰。在佩戴前事先做好黑帕的帽子造型（图2-2-36、图2-2-37）。

图2-2-33　红花头巾黄斗笠侧面

图2-2-34　红花头巾黄斗笠背面

图2-2-35　各色花头巾

图 2-2-36　黑帕彩巾

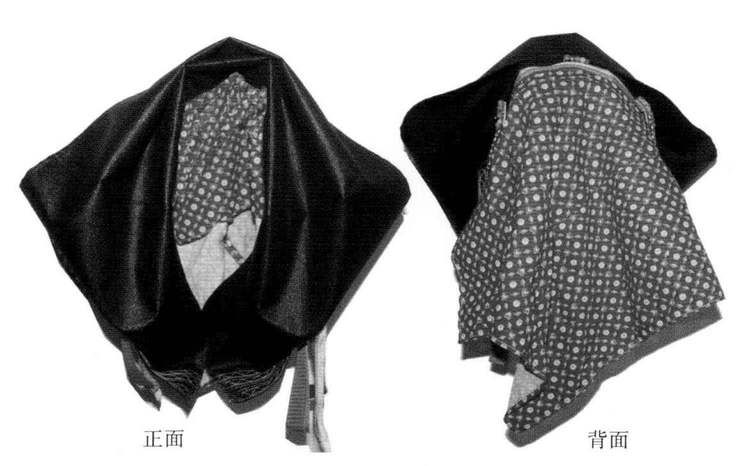

正面　　背面

图 2-2-37　黑帕彩巾正、背面

黑帕材料组成：黑色长方形硬布 80 厘米 ×28 厘米，两端装饰各 1 厘米宽的红、蓝、绿、白四色布条，再压上波纹折线作为装饰。一般采用 5 条不同颜色的羽带，一条红花方巾约 45 厘米 ×45 厘米，小别针、装饰别针若干个（图 2-2-38）。

黑帕制作具体步骤如下（图 2-2-39）。

图 2-2-38　黑帕彩巾材料

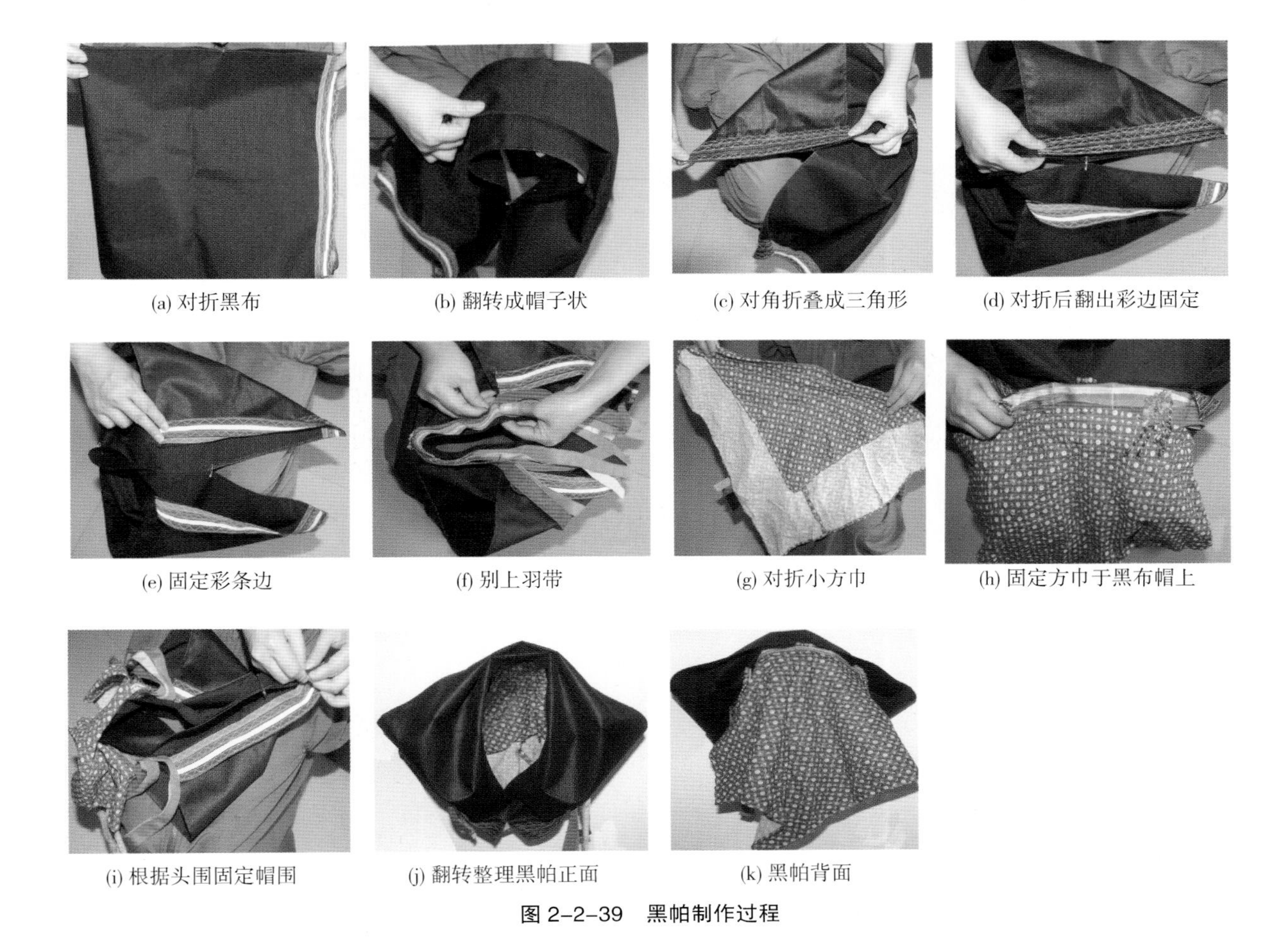

(a) 对折黑布　(b) 翻转成帽子状　(c) 对角折叠成三角形　(d) 对折后翻出彩边固定

(e) 固定彩条边　(f) 别上羽带　(g) 对折小方巾　(h) 固定方巾于黑布帽上

(i) 根据头围固定帽围　(j) 翻转整理黑帕正面　(k) 黑帕背面

图 2-2-39　黑帕制作过程

(a) 把长方形黑布对称折叠，在折叠二分之一处用别针固定，用于戴在脑后的固定点。

(b) 从黑巾中间翻折叠出五分之二的边，整理成帽子状，用别针固定。

(c) 黑巾两端沿着彩条纹边长度折叠成三角形固定。

(d) 翻折出红、绿、蓝白边，呈长三角形，上方一端固定。

(e) 翻折出另一边红绿蓝白边，上方一端固定。

(f) 在帽子的中央别上五色彩带。

(g) 把一条花头巾折成三角形。

(h) 用装饰别针固定在羽带上，方巾中央两边各对称别一个装饰花。

(i) 试戴在头上，按头的大小用别针固定。

(j) 整理正面效果。

(k) 整理背面效果。

（三）新娘“红花球巾”头饰

50 年代后，在新思潮的影响下，小岞年轻妇女结婚不再梳大头髻等传统复杂的发型与头饰，20 世纪 60 年代，新娘流行戴红花球巾（图 2-2-40）。红花球巾是我国传统男子结婚时佩戴在胸前的物件，新中国成立后一些劳动模范等戴上红花球以此表彰鼓励，增添喜庆氛围等。小岞、净峰惠安女与时俱进将红花球首创用于新娘的头饰，成了小岞女子结婚的

图 2-2-40　小岞新娘红花球巾

时兴装扮，彻底改变了结婚梳“大头髻”的传统。“红花球巾”色彩区别于其他用途大红色彩，它采用玫红色丝绸做成球花立于头顶，花球两边丝绸垂至膝盖以下，从基本造型来看，与早期“上头”时佩戴垂到衣摆的黑纱巾异曲同工。

新娘头饰组成部分（图 2-2-41 ～图 2-2-43）：彩色塑料梳子 16 个，玫红色丝绸布长约 3 米，宽 60 厘米，对折在一半处缝上褶皱球花，蓬松如玉米烫假发一个（也有用真发），蝴蝶夹若干个。早期不用假发，为了使头发蓬松有纹理，结婚前一天晚上要辫许多个小辫，目的是打散后有蓬松稍有弯曲，类似我们现在烫发的玉米烫效果（现在很多用假发）。

图 2-2-41　小岞新娘各种梳子、发卡

图 2-2-42　红花球巾、假发

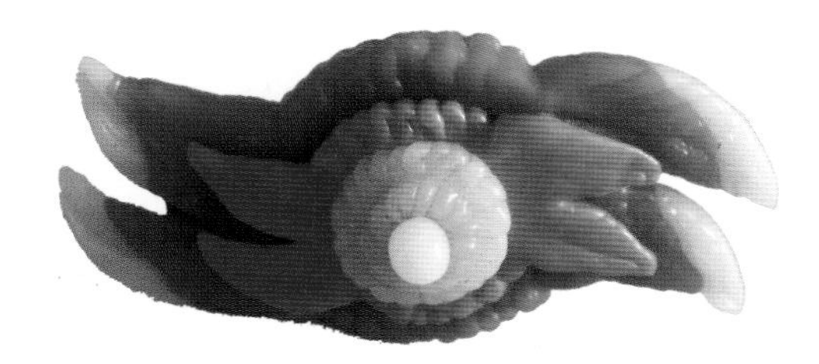

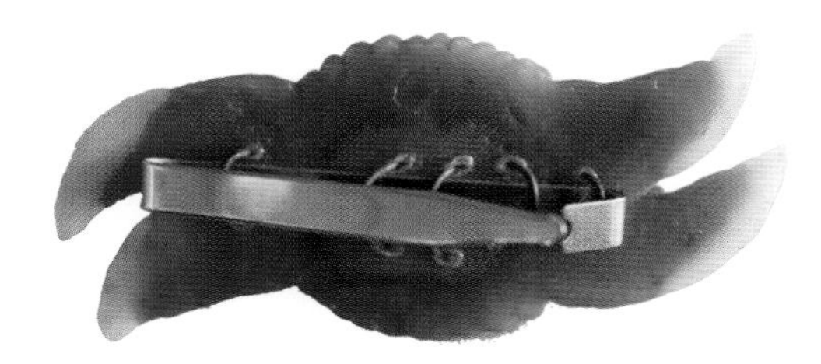

图 2-2-43　蝴蝶夹子

小峰新娘发型梳理具体步骤如下（图2-2-44）：

(a) 先将头发分成两部分，前面部分按额头刘海的宽度，在头顶挑一个圆形发束。

(b) 用红头绳扎紧。

(c) 后面剩下的头发与头顶红绳系扎的马尾归拢，辫成三股辫。

(d) 将发尾卷进辫内并用红头绳扎紧。

(e) 将材料里面的假发取出，用红头绳捆在头顶马尾根处。

(f) 自然打开假发，分别在左、右鬓发处于用长黑发卡固定住。

(g) 在假发的发尾用红头绳扎紧，尾部窝进假发内。

(h) 将发尾红头绳左右分开，从后向前系在衣领下方，使假发自然蓬松于肩头。

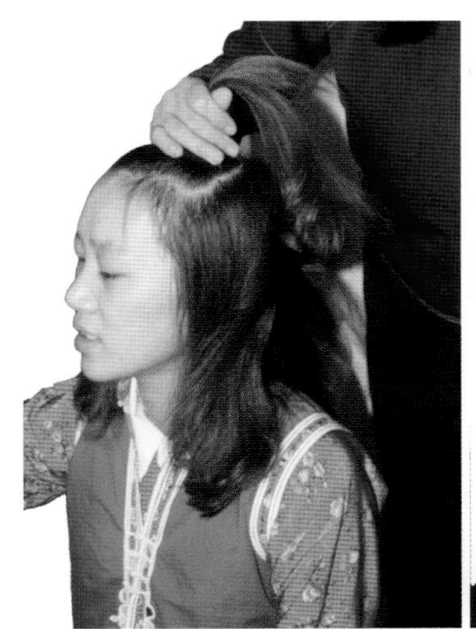

(a) 头顶挑一圆形发束

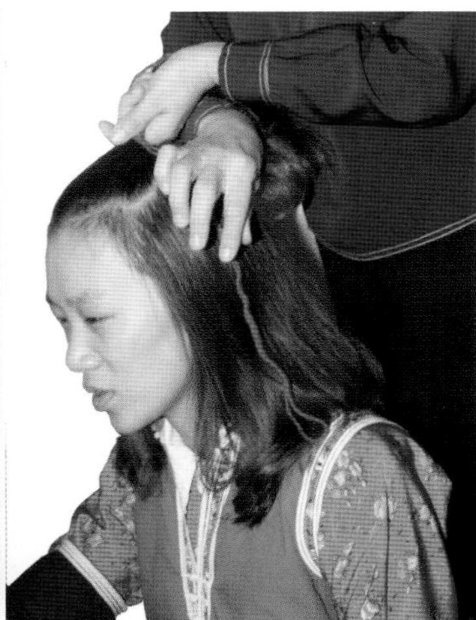

(b) 用红头绳扎紧

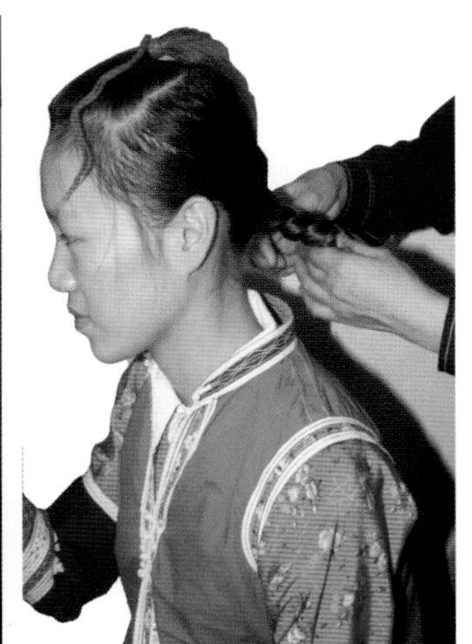

(c) 辫好辫子

图 2-2-44

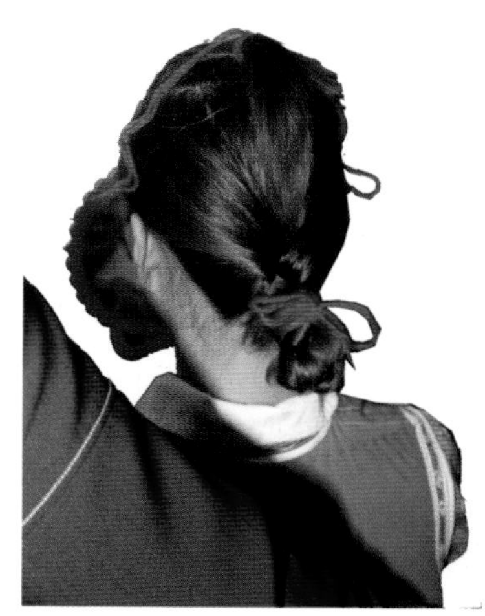

(d) 辫尾收紧卷起扎紧

(e) 戴上假发

(f) 打开假发与真发固定

(g) 发尾用红头绳系紧

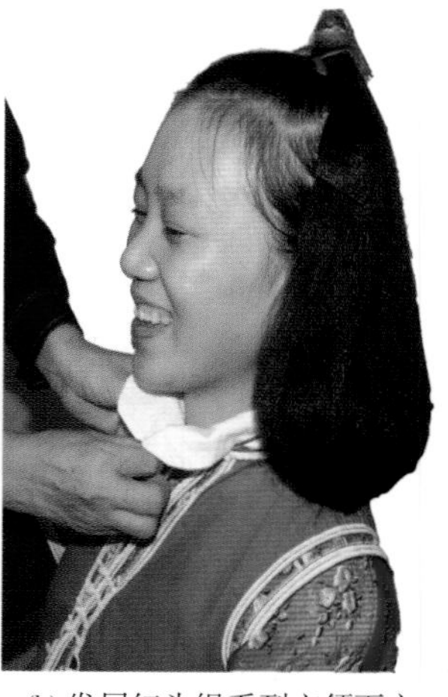

(h) 发尾红头绳系到衣领下方

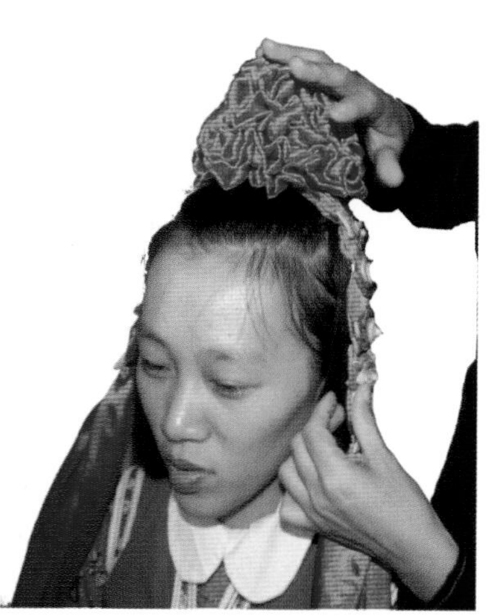

(i) 戴上红花球巾

(j) 前额插梳

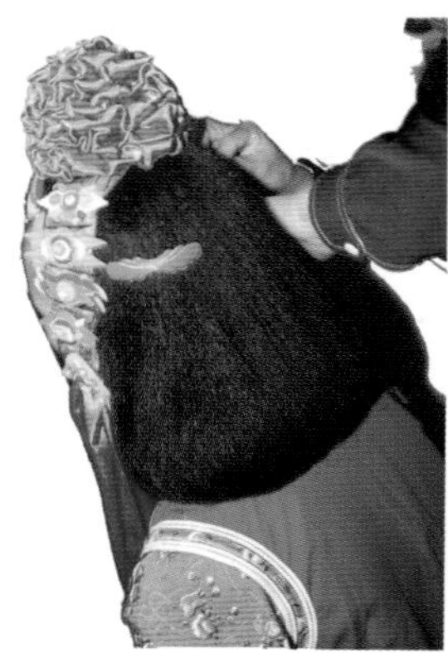

(k) 脑后插梳

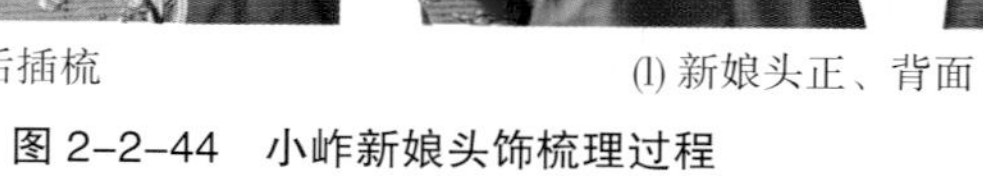

(l) 新娘头正、背面

图 2-2-44　小岞新娘头饰梳理过程

(i) 红花球巾事先做好（图 2-2-45），玫红色缎面在中间来回反复缝折成一个球形，剩下两边自然下垂，长度以垂到膝盖下方为宜，用自制的蝴蝶塑料发卡对称卡在绸带左右，色彩以红、绿、黄为主色调，两边各五个，共十个，寓意十全十美，位置正好在下颏处，余下的红绸自然散开。然后将红花头巾中央对准头顶假发上端，左右用黑色发卡固定在左、右鬓发上。

图 2-2-45　红花球巾

(j) 额头上部、左、右两边插梳装饰（图 2-2-46），这是惠安女头饰的装饰特征，大岞、小岞都有此习俗。新娘插梳是有讲究的，先在额头上插上四色梳子，色彩为果绿色、红橙色、柠檬黄色、玫红色，然后左右鬓角对称插上两把柠檬黄插梳，让前额碎发都归拢在彩梳下，既干净利落，又色彩缤纷，富有装饰。

图 2-2-46　新娘头前后左右插梳位置

(k) 前面插完梳后，再在脑后插梳十把，左、右各插两把红绿彩梳，中间插上五把红、橙、黄、绿色系的塑料弯梳，脑后的梳子比额头上方的梳子略长，在红绸球花与后面插梳正中连接处，再插上一个别样的扇形花色梳子(图 2-2-47)，作为装饰。用几根黑色细发卡固定在插梳下，使上半部分头发服帖，下半部分蓬松。

图 2-2-47　扇形花梳

(l) 再用一个大红色小手帕（图 2-2-48），对折成三角形像红领巾一样系在衣领下方，最后按头脸的长度在下巴处用别针将左右红绸固定。

图 2-2-48　红色方巾

五、小岞、净峰惠安女发型与头饰的文化内涵

传说惠东人是闽南十八峒蝴蝶峒的后裔，而蝴蝶峒所在地就位于惠安城内下井街南仔桥脚，“洞”或“峒”是我国东南和西南少数民族聚居地区的称谓，这些民族都有其代表性的族徽。从史书上看，唐高宗（669 年），派陈政、陈元光父子入闽，镇压畲族起义时经过惠安，当时处于母系氏族的族居正以蝴蝶为族徽，学者称为图腾，而这蝴蝶峒被陈政、陈元光父子平后，遗民四处散居，越边陲越好。惠东小岞、净峰妇女发式状如蝴蝶展翅，她们的祖先是不是就是蝴蝶峒的遗民，她们状如蝴蝶的发式是不是就是对蝴蝶族徽的崇拜呢？史学研究者朱飞在他的文章中提出：蝴蝶发式是当时的族徽或图腾，也是古越人的残遗❶。小岞妇女不同时期的头饰，发髻装饰都是中轴对称，呈蝴蝶展翅造型，垂在面庞的巾仔头色泽艳丽，似蝴蝶两翼，黑帕上飘扬的彩色羽带，如这千古族徽蝴蝶般灵动艳丽。

小岞地处东南偏僻海隅，是典型的岬角地带，早年交通道路的阻隔，几乎与外界隔绝，也正因为如此，才得以保存这古远却又艳丽的头饰文化，小岞、净峰妇女头饰功能与装饰无处不与她们生活的海洋息息相关。从功能上来看，包头巾、戴斗笠为了抵御海边风沙的侵入，生活和劳作的需要沿袭了戴头巾的习惯。从色彩上来看红、橙、黄、绿、紫五彩斑斓，这与她们所处的环境色相辅相成，蓝色的大海和天空，黄色的沙滩，还有葱绿的田野和树木，她们从大自然色彩中找出这艳丽的搭配。从“巾仔”刺绣图案纹样来看，一幅幅生活场景成了她们描绘的对象，满载希望的出海渔船，渔船凯旋的喜悦，她们通过头饰的纹样寄托亲人出海的平安和满仓归来的美好生活愿望，各种海洋动物也成了惠安女们发簪造型的灵感，透露着浓浓的鱼乡气息，鱼、虾、螃蟹等频频出现在她们的头饰上，船锚形状的链子和耳环都是惠安女头饰的重要装饰题材，聪明勤劳的惠安女们不仅仅把这些作为单纯的生活用具，而是赋予它更多的美化装饰，这是一种艺术创造，这也是惠安女们通过劳动与自然环境共同创造的艺术。❷

第三节　蟳埔女发型与头饰

一、蟳埔女发型与头饰概述及渊源传说

（一）蟳埔女发型与头饰概述

爱花是蟳埔女的天性，在蟳埔村弯弯曲曲

❶ 新加坡惠安公会．净峰乡五十年前妇女发式追记 [M]. 新加坡：大众印务有限公司，1979：289.
❷ 卢新燕．福建惠安县小岞镇渔女发饰考察研究 [J]. 装饰，2014.2.

的古老巷道里，随时可以看到她们头戴鲜花、挖海蛎的身影（图 2-3-1）。头戴“簪花围”的蟳埔女，清一色象牙筷盘头，一轮一轮的鲜花簪在头上，无论年老年少个个沁香满头（图 2-3-2）。蟳埔女发型和头饰按年龄区分，幼儿开始留长发，幼童梳羊角辫，8 ～ 12 岁进入模仿期，辫三股辫子，扎红头绳，额头留“头毛垂”，当地人称“刘海”为“头毛垂”，学着大人将艳丽花朵插在两鬓；13 ～ 14 岁开始梳“圆髻”，相当于成人礼，是小女孩向少女过渡的标志，开始有自己的姐妹伴，开始有意识地打扮自己，挂耳环、插髻簪、戴鲜花；中年妇女梳螺旋髻、簪花围，插金簪，既艳丽又稳重大方；老年妇女头饰不求华丽，一般包红色头帕，戴红色鲜花和熟花，以示庄重（图 2-3-3）。

图 2-3-1　挖海蛎的蟳埔老人

图 2-3-2　蟳埔女簪花围

图 2-3-3　老年戴帕头饰

（二）蟳埔女头饰的渊源传说

蟳埔女头戴“簪花围”这个既古朴又特殊的头饰习俗不知源于何时，各种传说不一，有历史故事的传说、与丝绸之路阿拉伯、波斯商人遗风相关的传说、与官兵围剿有关的传说，还有我国传统习俗渊源的沿袭。

（1）历史传说是与宋代杨文广、杨八姐有关，据说蟳埔穿戴风俗与宋代杨文广平闽十八洞之事，东海之女效仿杨八姐穿戴。

（2）源自宋元时代住居泉州的阿拉伯、波斯商人遗留下来的风俗，宋元时期住在中国的阿拉伯妇女发饰，蟳埔老年妇女红帕缠头，不知道是否与此传说有渊源。

（3）官兵围剿说法，从前有一队官兵到这里围剿，当地老百姓慌成一团，到处乱窜，慌乱中头发散乱，随手把乱成一团的散发卷几圈，就地把能抓到的硬枝条随手往发髻横向一插，后来换成了象牙筷或塑料，骨簪就一直延续下来了。

（4）传统簪花习俗的沿袭，早在汉代已经出现，历代经久不衰，唐宋男子就有簪花习俗。历代的相关诗词来论证，比如泉州明代地方戏曲高甲戏《桃花搭渡》的唱词中就有“四月围花围，一头簪两头重”的字眼。

二、蟳埔女簪花围发型与头饰特征

（一）螺旋髻

蟳埔女从小留长发，长大以后才开始梳“螺旋髻”，不留刘海和碎头发，可能是由于经常下海刘海被海风吹起不便于劳作的缘故。“螺旋髻”将长发用红头绳扎成高马尾后，拧成单股螺旋，然后团结到脑后形成一个同心圆发髻（图2-3-4），也有人认为像树的年轮，故又称为“树髻”，闽南人称“树头”或“树兜”。在螺旋髻的中心处横插一根白色象牙筷，固定发髻（图2-3-5、图2-3-6），有的还另插一根有别于白色象牙筷的其他发笄（笄是古人用来绾定发髻或冠的长针），笄一是辅助固定发髻，二是装饰发髻，材料形状各异，有金银打造的发笄（图2-3-7），有区别于白色象牙筷的红色塑料筷（图2-3-8），还有更特别的是耳挖工具造型的发笄（图2-3-9），也有不用白色象牙筷直接用金发笄（图2-3-10），辅助

图2-3-4　螺旋髻

图2-3-5　象牙筷

图 2-3-6　象牙筷安发

图 2-3-7　金发笄

图 2-3-8　红色塑料筷

图 2-3-9　耳挖形插笄

图 2-3-10　纯金发笄

插髻的装饰还有很多，插髻的方向一般是平行白色象牙筷，也有交叉错位。螺旋发髻梳好后，再戴上簪花围，插各种金银发簪等。

（二）簪花围

“簪花围”是用麻绳串好的一串串鲜花花环，一般 3 ～ 5 环不等（图 2-3-11），每环用一种鲜花，一环比一环大，围绕螺旋发髻一环一环戴上，鲜花一般都是含苞待放的，这样可同时享受鲜花的绽放。簪花围也有分生花与熟花，鲜花称为生花，塑料、绢花等人造花称为熟花，现在市场也有仿制的熟花围（图 2-3-12、图 2-3-13），便于游客戴上拍照等，蟳埔女喜欢戴鲜花。簪花围上有黄菊、白菊、素馨花、茉莉花、玉兰花等时令鲜花（图 2-3-14 ～图 2-3-16），一年四季，香沁满头，但是蟳埔女并不满足这些鲜花做成的簪花围，还要插上一朵朵漂亮的独枝熟花来装饰（图 2-3-17），独枝花一般插在第一环鲜花和第二环鲜花之间（图 2-3-18），满头盛开，给原本排列整齐的花环增添了灵动。

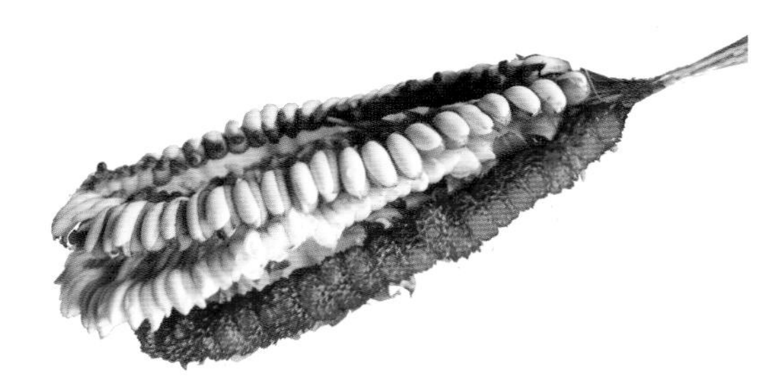

图 2-3-11　鲜花围

图 2-3-12　熟花围（一）

图 2-3-13　熟花围（二）

蟳埔女的簪花围用的四季鲜花来源于附近的云麓村，由于蟳埔女簪花的市场需要，云

图 2-3-14　不同种类鲜花围（一）

图 2-3-15　不同种类鲜花围（二）

图 2-3-16　各种各样花环

图 2-3-17　独枝花

图 2-3-18　插在鲜花中的独枝花

麓村专门为她们种植簪花围所需的四季更替的鲜花，并形成鲜花市场，一般是 15 元左右一串，所以蟳埔女一年四季都不用担心花的来源，一般日子戴上 2 ～ 3 串花环，如果遇到节日或喜庆，她们要戴 4 ～ 5 串各种不同颜色的花环。

（三）插梳和发簪

蟳埔女头饰不仅仅是鲜花组成，金银插梳和各种发簪同样是蟳埔女头饰重要组成部分。

1. 插梳

蟳埔女梳好螺旋髻，戴上簪花围，还不忘插上各种不同材质的插梳。插梳材质以金银为主，也有骨梳、塑料梳。黄金一直是蟳埔女崇尚的装饰物。蟳埔女头饰以多为美，额头与螺旋髻之间要插上几把插梳（图 2-3-19）。为了牢固，插梳一端打上小孔，用红头绳或金链穿过，插在发髻中，一般插 2 把包金的半月形骨梳（图 2-3-20、图 2-3-21），成双成对，做工精致的金梳子不仅显示人的高贵气质，也可以随时拿下来整理一下被海风吹乱的发型，除金梳外还要加塑料梳或骨梳，造型以鱼形或波浪形较多（图 2-3-22），梳子上还绘有蝴蝶纹和鱼纹等纹样（图 2-3-23、图 2-3-24）。

金插梳

图 2-3-19　包金梳

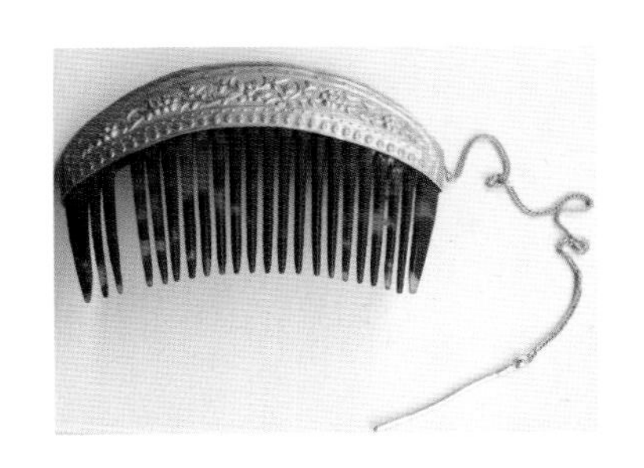

图 2-3-20　包金插梳

图 2-3-21　各种纹样插梳

图 2-3-22　波浪形插梳

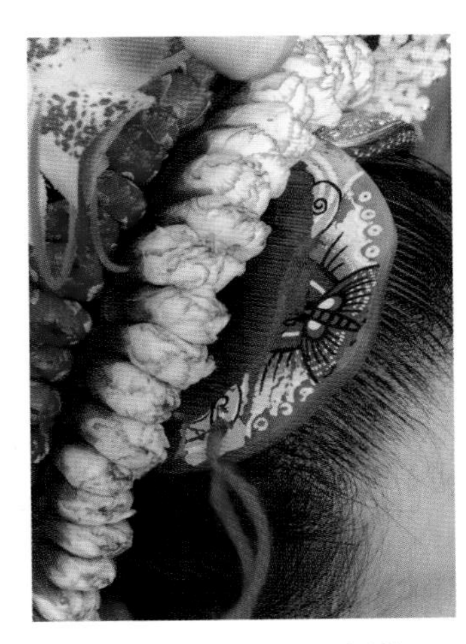

图 2-3-23　蝴蝶纹插梳

图 2-3-24　鱼纹插梳

2. 发簪

蟳埔女头饰螺旋髻上方插有各种各样的发簪，这些发簪主要是黄金打造，伴有金链插在发髻上，这些金银发簪既是发髻的装饰，同时也是财富的象征。发簪插在螺旋髻的上半部分（图 2-3-25），形状多样，具有代表性的有盘龙纹宝剑金簪（图 2-3-26、图 2-3-27）、蜜蜂形金簪（图 2-3-28、图 2-3-29）、孔雀开屏金簪（图 2-3-30）、花朵形金簪（图 2-3-31）、曲线穿插手杖形簪等（图 2-3-32、图 2-3-33），还辅助一些现代彩珠簪、蝴蝶簪、竹凤簪等（图 2-3-34）。蟳埔女发簪具有浓郁的民俗特色，龙凤簪寓意吉祥，借助蜜蜂的勤劳以及孔雀开屏的美艳，表达了蟳埔女对大自然的热爱。

图 2-3-25　各种金簪

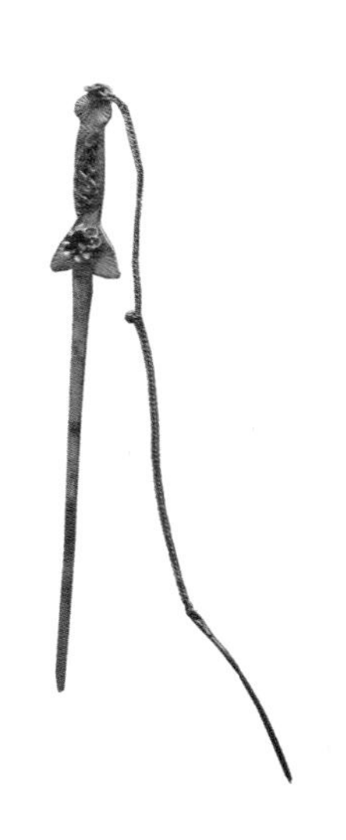

图 2-3-26　盘龙宝剑发簪

图 2-3-27　宝剑簪

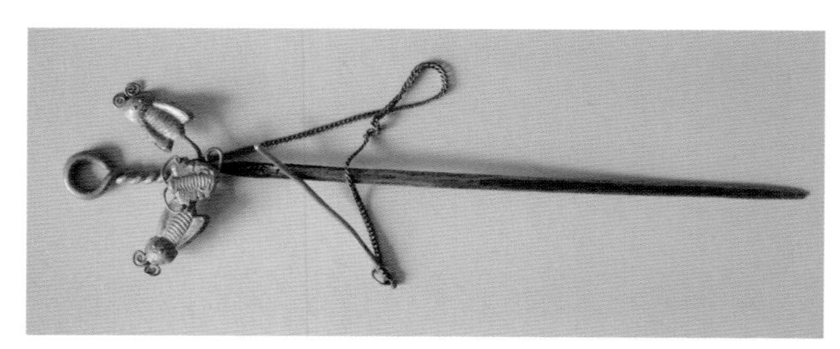

图 2-3-28　蜜蜂形金簪（一）

图 2-3-29　蜜蜂形金簪（二）

图 2-3-30　孔雀开屏发簪

图 2-3-31　花朵金簪

图 2-3-32　曲纹杖形簪

图 2-3-33 曲纹杖形簪

图 2-3-34 竹凤簪

三、蟳埔女簪花围发式梳理方法与步骤

（一）蟳埔女簪花围所用的材料(图2-3-35)

（1）“簪花围”首先是花，鲜花、绢花、塑料花等，鲜花一般都是采用四季鲜花 2～3 围，绢、塑料花（也称熟花）若干枝。

（2）象牙筷或塑料筷 1～2 根，固定发髻用。

（3）红头绳绑马尾用。

（4）插梳，一般都是金银装饰和鱼形骨梳。

（5）各种造型金簪。

（6）茶油、芦荟汁或发啫喱。

图 2-3-35 簪花围头饰材料

（二）蜉埔女簪花围发型梳理方法（图2-3-36）

蜉埔女簪花围发式也只有中老年人才会梳理了，为了让更多人了解这快要遗失的美丽，具体梳发的步骤整理如下：

(a) 先将头发梳在脑后，在偏头部二分之一处分为前、后两个部分，先梳后面的这一部分，梳之前用手蘸着茶油或芦荟汁，轻轻涂抹在头发上，目的是防止碎发凌乱，使梳理的发髻整齐、光亮。

(b) 用红色的线绳将脑后的头发扎成一个高马尾，头发不够长的可以加入假发。

(c) 开始梳理前半部分头发，同样抹上茶油或芦荟汁，不留刘海，将前半部分头发归拢在前后分路的位置，用一根象牙筷试一试前半部分发髻松度。

(d) 将前部分头发和后面高马尾归拢，再用红绳捆紧。

(e) 将长马尾拧成绳状，为的是不易散乱。

(f) 绕到手上像螺旋一样一圈一圈盘起来。

(g) 盘好发髻后按在马尾的根部，从螺旋中心掏出马尾的根部头发，插上一根象牙筷固定发髻。

(h) 开始装饰发髻，簪花围鲜花是用麻线串好一串串花苞或花蕾，一环比一环大，围绕着螺旋发髻一环一环簪戴在脑后。

鲜花戴好后，若还觉装饰不够，可继续围绕鲜花插上一朵朵漂亮的独枝花来装饰，这些独枝花大都是绢花、塑料花，满头颤动；然后开始插金梳、金簪等银饰品，老年蜉埔女为了防风还会在额头上包一块色彩鲜艳的红头巾，

(a) 头发分前、后两部分

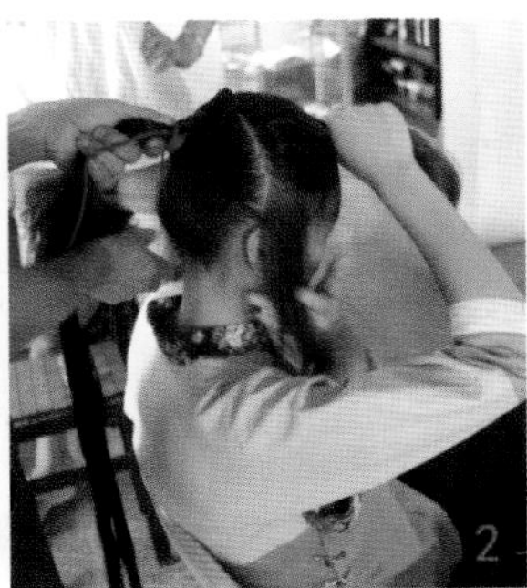

(b) 先梳后半部分

(c) 再梳前半部分

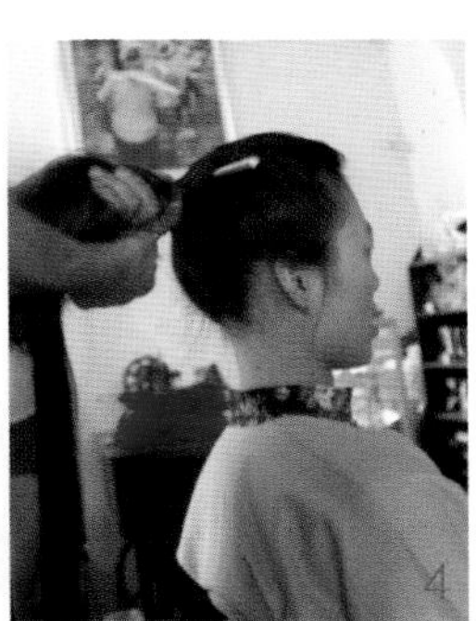

(d) 前后头发合拢

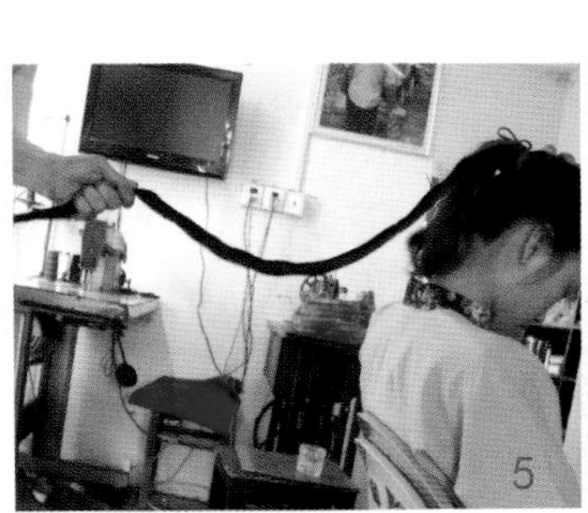

(e) 头发拧成螺旋状

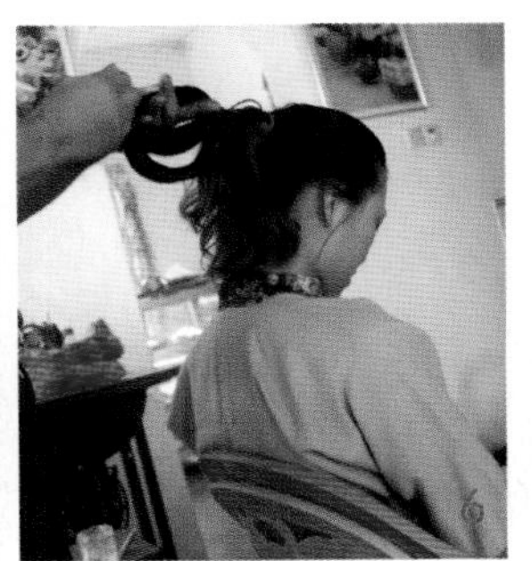

(f) 绕成螺旋形

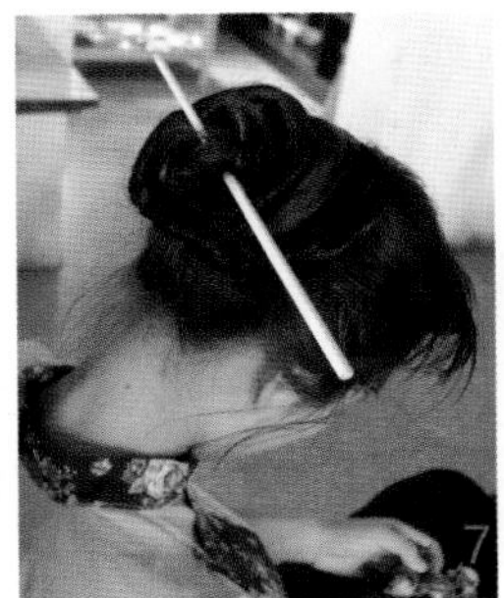

(g) 象牙筷固定

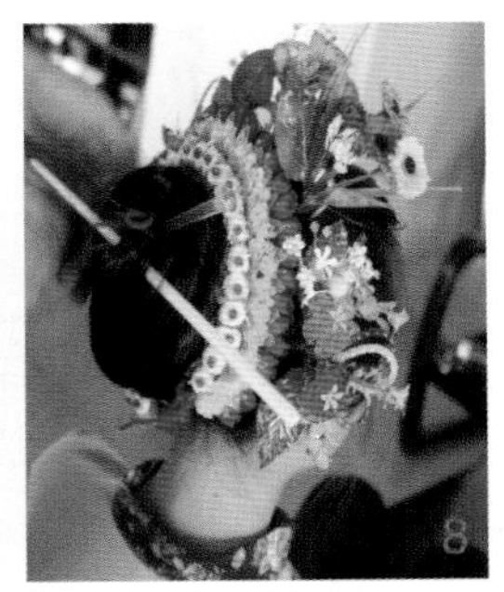

(h) 戴上簪花围

图 2-3-36　簪花围发饰步骤

最后戴上标志辈分的丁勾耳环。

四、蟳埔女头饰沿袭了古代多种发饰习俗

（一）簪花习俗

簪花习俗，在魏晋时期，发髻插花已成为人们一种日常装饰，西汉陆贾《南越行记》对当时女子喜戴茉莉花的记载："南越之境，五谷无味，百花不香，此二花特芳香者，缘自胡国移至，不随水土而变，与夫橘北为枳异矣。彼之女子以丝带穿花心、以为首饰。"唐代更是盛行簪花习俗，唐代妇女常以牡丹、石榴、蔷薇、梅花、杏花等插于发髻上，唐朝诗人杜牧《杏园》就有"莫怪杏园憔悴去，满城多少插花人"都是簪花盛行的记录，可见当时簪花习俗之倡，宋代宫廷更是重视簪花、赐花，皇帝赐花按官位的等级赐不同的花，可见花也有因人而贵。簪花在民间更是蔚然成风，人们买花、簪花、以花会友，如杭州诗人举办的"牡丹会"就是以花会友。宋代簪花盛行的风气下，为了常年都有花戴，假花就应运而生，最有名的一种叫"一年景"，是由罗娟、通草、金玉、玳瑁杂合桃花、杏花、菊花等四季花制成花冠，不仅妇女，男子也戴，蟳埔女头饰的簪花围更接近宋代这种花冠。元、明、清代簪花之风一直盛行，当时妇女首选鲜花有兰花、茉莉、玫瑰、玉兰、含笑、素馨花等与现代蟳埔女簪花围鲜花如出一辙，而且都有把含苞待放的花蕾插在头上，使其花香慢慢挥发的喜好。

（二）插梳习俗

蟳埔女头饰插梳装饰同样沿袭了我国古代梳饰的习俗，梳子不仅作为梳理工具，而且插于发髻起到固定发型和装饰美化的作用。插梳习俗在唐宋时期成为一种时尚装扮，盛极一时，以梳为饰始于新石器时代，到了唐代，在唐文化博大兼容的背景下，梳饰由一把发展到几十把，唐诗人王建的《宫词》为证："玉蝉金雀三层插，翠髻高丛绿鬓虚。舞处春风吹落地，归来别赐一头梳"，可见当时以梳为尚。宋代妇女头饰中梳饰数量相比唐代要少，但梳的体积却越来越大，梳长达一尺以上，北宋晚期，又盛行"太妃冠"，以金或以金涂银饰之，或以珠玑缀之。各地宋墓地出土的金背木梳，或木梳背包金、银者，应为这种风尚影响的真实写照，与现代蟳埔女的插梳如出一辙。到了南宋，当时的临安，不仅有现成的冠梳出售，还有以"接梳儿、染红绿牙梳"的民间艺人，当时插戴于发髻上的还有金、银、珠、玉、角等做成的各种簪、钗、步摇等。

（三）"骨针安发"活化石

蟳埔女头饰中固发的梳子、金钗、银针、金簪还有"象牙筷"，都是我国古代发饰中最重要的也是最常用之物。簪在《辞海》里解释为古人用来插定发髻或连冠于发的一种长针，后专指妇女插髻的首饰。簪早在新时期时代就用来固定发髻，使之不散，殷商时期，骨簪普遍出现，簪的用途有二：一为安发，就有了"骨针安发"之说，簪在古代是男女通用的，男子用簪多为固冠。杜甫有诗为证"白头搔更短，浑欲不胜簪"，皇帝在节日里赐给大臣的礼物通常是簪。古代时规定罪犯不许戴簪，就是贵为后妃如有过失，也要退簪，因为簪还象征着尊严，秦汉时期发簪已以金玉制作。唐宋时期发簪以各种材质珠宝做装饰，而且各种造型簪插满头，清代发簪无论工艺和造型装饰都达到

了一个空前的水平。蟳埔阿姨头饰上的“象牙笄”或“骨簪”这种传统能保留到现在，也算是全国独有的“活化石”了。

五、蟳埔女头饰文化内涵

（一）蟳埔女头饰与“海上丝绸之路”的渊源

泉州刺桐港在唐代就是我国四大外贸港口之一，在宋元时期与埃及亚历山大港齐名被誉为东方第一大港，海上丝绸之路从这里走向世界，“海上丝绸之路”在中国对外贸易史上有着举足轻重的地位。历史上蟳埔女所戴鲜花，来自附近云麓村，该村原是南宋阿拉伯人蒲寿庚的私家别墅“云麓花园”，园中的茉莉花、素馨花等奇异花卉从西域引进延续至今，不仅让蟳埔女四季飘香，同时洋溢着浓郁的海洋文化气息。蟳埔村的老妇人还习惯在头上包扎红色头帕，类似阿拉伯的“番巾”（图 2-3-37），也让我们看到了明显的伊斯兰遗风。蟳埔女金银饰品的造型也同样透射着异域的文化，阿拉伯式的装饰花纹，以波状曲线为主要的美学特征，由线条再衍变出各种几何形状，这是伊斯兰美学的极致，蟳埔女头饰的一种发簪明显受西域文化的影响，其整体造型犹如一根西域传教士的手杖（图 2-3-38），簪头波动旋转的曲线纹样，相互套叠，颠倒错位，浑然一体，富有节奏感的抽象线条连贯、密集而灵活是阿拉伯纹样重要的艺术特征。我国传统的簪头装饰多以鸟兽花纹为饰，如蝶簪、凤簪、蟠龙簪，还没有发现这种曲线纹装饰的簪头，蟳埔女头饰的这种金簪明显是异域文化的产物。❶

（二）蟳埔女头饰的区域文化族群象征

蟳埔阿姨的头饰特征已成为区域文化族群的象征，蟳埔阿姨挑卖的海鲜在当地被视为

图 2-3-37　蟳埔老人头帕

❶ 童友军，卢新燕．福建三大渔女之——蟳埔女头饰文化解读 [J]．贵州大学学报（艺术版）．2011（2）．

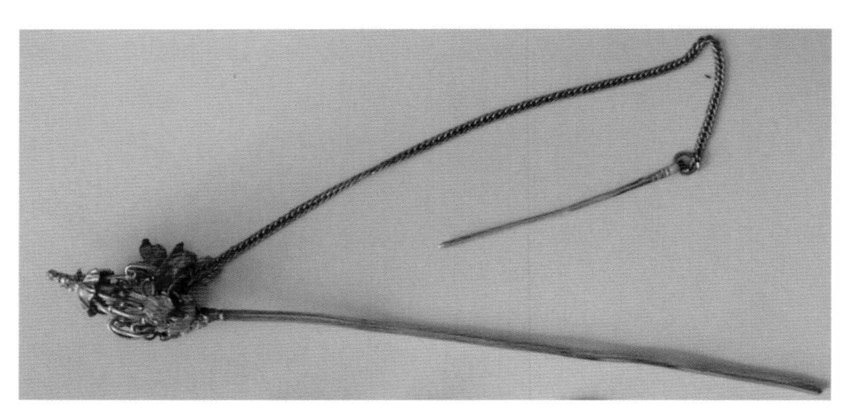

图 2-3-38　曲纹杖形发簪

上乘的海鲜，特别是蠔（海蛎）被称为“阿姨蠔”，能买到“阿姨蠔”，就说明买的是行货，因此蟳埔女的打扮似乎成了一种招牌和广告。簪花围还承载礼品的用途，根据当地的习俗，谁家有了喜事，就要备上上千串的花环，代替喜帖的报喜方式连同喜糖一起分赠村里的乡亲，这也是蟳埔所独有的鲜花民俗现象。蟳埔女头饰作为一种民俗文化现象的地域特征，体现了中国传统文化的多样性，中国传统文化海纳百川，既吸收消化外来文化中的丰富营养，又适应着本民族的生活习俗和文化、审美的需要。

第四节　湄洲女发型与头饰

一、湄洲女发型与头饰渊源传说

湄洲女梳的“船帆髻”，当地人称为“冠”，相传为妈祖林默娘所创，因此人们也称为“妈祖髻”。妈祖“帆髻示志”的美丽传说记载着湄洲女船帆髻的渊源，妈祖林默娘十八岁那年，父母为她的婚事操心，默娘却把自己关在闺房里，梳了三天三夜的头，她先把头发分成前、后两部分，然后把前中间部分梳成摞髻，接着再梳左、右两边，最后在摞髻中间插一根银针，针上系一条红线……当她梳好头发，打开房门站在家人和众渔女面前的时候，大家为默娘的发式惊呆了，默娘高高隆起的发髻，犹如一面迎着海风的风帆，整个发式好似一艘正在行驶的船帆，众渔女纷纷向默娘请教梳法，默娘把梳法教给大家，并对父母说自己已梳好了冠，冠上面髻为帆、针为锭、线为缆，自己已把身心许给了大海，请阿爸、阿妈不要再为女儿的婚事操心了，父母知道她的心志已定，也就不再勉强她。默娘羽化登仙后，湄洲岛渔女们一旦出嫁，就一定要梳这种帆形髻，以此来纪念默娘以及对海神的虔诚敬意。

二、湄洲女船帆髻的发型与头饰特征

湄洲女“船帆髻”由发髻如船帆形状而得名（图 2-4-1），“船帆髻”与惠安女“大头髻”一样，也是结婚当天开始梳此发髻，未婚少女同样是梳辫发。湄洲女发式总体干净利落、一丝不乱，由前、后两部分组成，前半部分是头

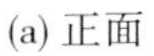

(a) 正面

(b) 侧面

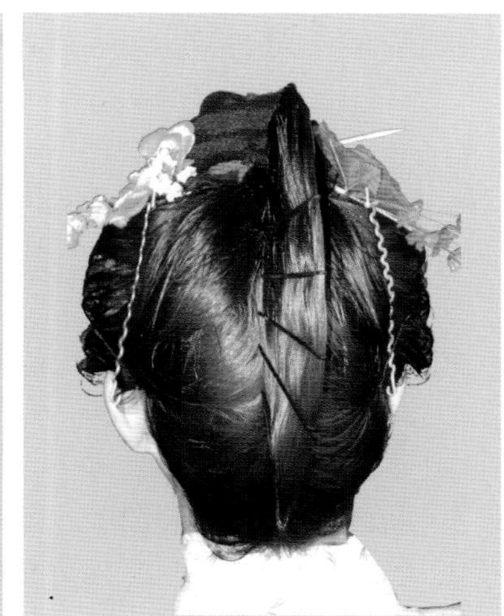

(c) 背面

图 2-4-1　船帆髻正面、侧面、背面

顶上梳一个圆圈形的摞髻，也称“舵髻”，从形状上看，像船舵一样，酷似船上的方向盘，盘在发笼里的红头绳被喻为船上的缆绳，头顶上一根大银钗横向穿过圆形发笼，象征着船上的桅杆（图 2-4-2、图 2-4-3）。

图 2-4-2　头顶圆形摞髻

发型后半部分是一个高出脑后七八厘米，呈扇形竖起的类似船帆的发髻（图 2-4-4），用几个大黑夹子别起来，高高耸起的发束像是升起的船帆，两边各有一根波浪形银色发卡（图 2-4-5），代表船上摇橹的船桨，这个船帆状发髻和船舵髻组合在一起，使整个发饰好像一艘帆船，寓意一帆风顺，然后在摞髻旁边插上红色绢花（图 2-4-6），与蟳埔女鲜花围不同的是，湄洲女用的是鲜艳的红花插在船头，寄托了湄洲女对美好生活的向往，湄州女戴花习俗一直沿续至今。

图 2-4-3　头顶圆形摞髻

三、船帆髻的梳理方法与步骤

随着社会的发展，越来越多的年轻人嫁到岛外，从事各行各业，平常在湄洲岛上已经

图 2-4-4　船帆髻

图 2-4-5　波浪夹

图 2-4-6　绢花

图 2-4-7　现代湄洲女发髻

看不到“船帆髻”了，老年妇女头饰也简化成一个网髻，再戴上绢花等（图 2-4-7），只有隆重节日里，才有老人梳“船帆髻”，年轻人已经不会梳此发髻了。

梳理“船帆髻”需要准备的材料包括：定型头发的发胶、啫喱水、发蜡；绑头发的红头绳 2 根；梳理头发梳子 2 把，其中一把把手要尖，便于挑头发、分发路；固定发型的银色波浪发卡 2 根；黑色大发卡若干根，辅助前面摞髻的还有黑色网布和黑色塑料袋，以增加头顶摞髻的厚度；独枝绢花几朵；银勺、银针、银簪各一根（图 2-4-8、图 2-4-9）。

图 2-4-8　发髻梳理材料

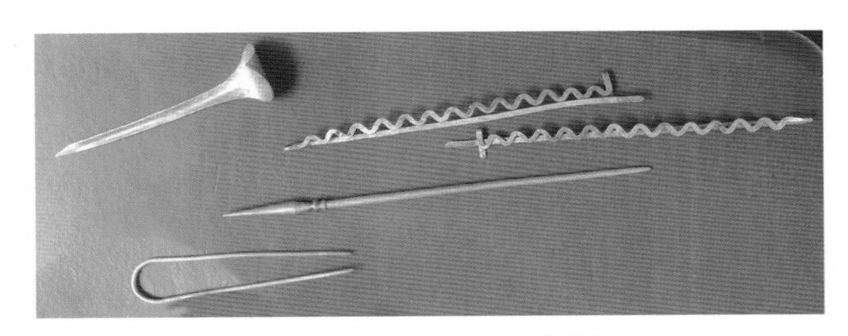

图 2-4-9　银勺、银针、银簪等

湄洲女“船帆髻”具体梳理步骤如下（图2-4-10）。

(a) 先把头发分为前、后两部分，前面部分按额头宽窄，不留刘海，在头顶挑一个弧度。

(b) 将前面部分再分成两部分，后三分之二的发束用红头绳扎紧。

(c) 将前面剩下的三分之一的头发与前一个步骤扎紧的发束归拢到一起，并且挑松头发让其蓬松。

(d) 将后半部分头发梳到前面，并与前半部分头发合拢，同时用黑色网布包上所有头发，如头发不够多，就拿黑色塑料袋或假发填充一起，包裹在黑色网布中，大约在距离发根4厘米位置绑上玫红色头绳。

(e) 将发辫围绕头顶发根盘绕成摞髻，并固定在头顶。

(f) 插上银勺、U形银簪，以固定舵髻，然后把左、右两边的头发打上啫喱水，使其光亮整齐。

(g) 挑松两鬓头发成弧形，用波浪发卡固定。

(h) 把脑后头发打上啫喱后，梳理成船帆的造型，用黑色发卡固定船帆髻部分，由下至上平行固定。

(a) 头发分两部分

(b) 后部的 2/3 扎起

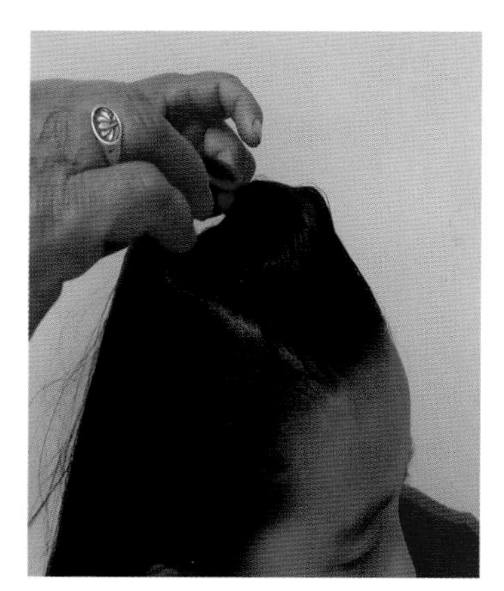
(c) 与前半部分归拢

(d) 后半部分反过来

(e) 盘舵髻

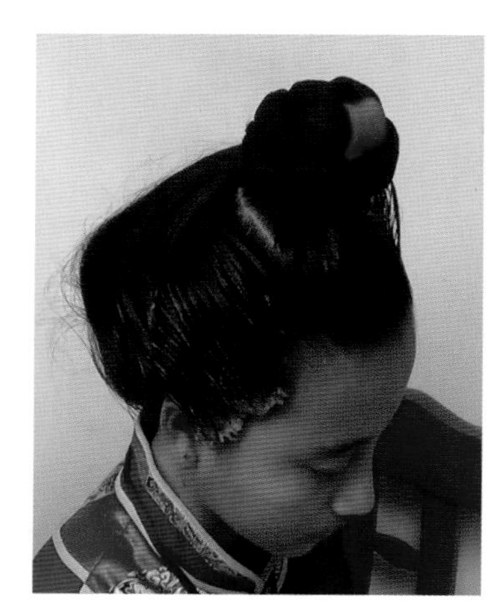
(f) 固定舵髻

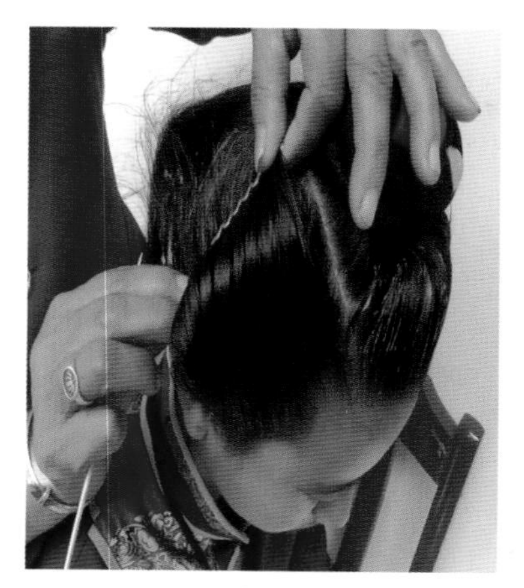
(g) 别波浪夹

(h) 梳帆髻

(i) 插花整理完髻

图 2-4-10　船帆髻梳理步骤

(i) 整理整个发髻，在船帆与船舵之间插上绢花，最好横向通过舵髻插上大银针，整个发髻完成。

四、湄洲女发饰船帆髻的文化内涵

湄洲岛民世代以海为生、靠海吃海，出海捕捞和养殖是湄洲岛民一直不变的生产方式，渔船是湄洲岛民主要的交通工具，也是生存必需的生产工具，他们与船休戚相关，在船上供奉妈祖神像，上供品、果盒酒，焚香祈祝，出海和归航时或遇大风大浪等危急关头时对妈祖女神进行全程祭拜，祈求妈祖护航。为了祈愿妈祖神灵的保佑，新船下水前，还要制作一艘渔船的模型，供奉在妈祖庙内，那些历代存留于妈神庙内的船模，成为研究古代造船历史的宝贵资料。同样，湄洲女的“帆船髻”发型，传递了她们对船的崇拜，因为自己亲人的命运与渔船息息相关，特别是已婚妇女的“帆船髻”要梳得特别正，发髻正意味着船正。她们一丝不苟地梳着船帆髻，唯恐一丝疏忽，就会影响亲人的平安归来，勤劳、善良的湄洲女用自己独特的方式诠释对船的崇拜，祈愿亲人一帆风顺，平安归来。

三大渔女服装造型及特征

福建三大渔女服装虽然各具特色，但其基本结构形制还是沿袭汉族传统服装的右衽大裾衫和大腰宽腿裤，这也是源于三大渔女生活环境的共性，服装特征与她们所处的客观环境密切相关，三大渔女都是以海为生，以海为场，由于劳动方式的需要，妇女一直是穿裤不穿裙，早期男女裤款式一致。三大渔女服装的异同点同时也反映了不同区域其风俗的不同，风俗是既定的思想方式和行动方式，不仅产生于群体，而且靠群体的力量维持和传承[1]。三大渔女现在的习俗，都是由传统风俗演变而来的。

图 3-1-1　大岞、小岞惠安女服饰

第一节　崇武、山霞惠安女服装

一、崇武、山霞惠安女服装概述与渊源传说

（一）概述

惠安女服饰是我国传统服饰精华的一部分，在汉族女子服饰中独树一帜，惠安女服饰融民族、民间、地方和环境特征为一体，既有少数民族特点，又独具地方特色，是研究闽越文化传承变迁及中华民族多元文化交融的珍贵的文化遗产。惠女服饰按特征可分为：崇武城外、山霞镇和小岞、净峰镇两个类型，图 3-1-1 为大岞和小岞惠安女服饰。

“封建头、民主肚、节约衫、浪费裤”这句当地的歌谣概述了惠安女服饰的特征，而“黄斗笠、花头巾、蓝短衫、银腰链、黑旷裤”是惠安女服饰较具体的描述，惠安女服饰目前所考证的资料，是清末至现在的服饰，我们现在看到的惠安女服饰是新中国成立后随着妇女解放，社会生产的发展，慢慢演变成至今的式样。

（二）服装渊源传说

崇武、山霞惠安女奇异服饰有各式各样美丽的传说，传说有一次皇帝南巡要路过此地，地方官吏为显其所辖庶民十分富足，于是下令打制银腰带系于女人裤腰上，同时把上衣裁短以便让银腰带显露出来，于是惠安女服饰的衣长仅及脐位，肚皮外露，此后，佩带银腰带作为一种财富的象征一直流传下来。另一传说，崇武、山霞妇女黑衣、黑裤，黑巾包面是来源于抵抗倭寇斗争，黑衣、黑裤是为了隐藏自己，包头巾不露面是为了恐吓敌人，短衣短袖是为了便于战斗等。虽然这些传说既不是真实人物的传记，也不是历史事件的记录，却是惠安人民群众的艺术创作。

---

[1] 陈国强，石奕龙．崇武大岞村调查 [M]. 福州．福建教育出版社，1990：197.

二、清末至20世纪20年代服装

清代末期到20世纪20年代，这个时期崇武、山霞惠安女服装特征是：上装衣身宽松肥大，衣长至膝盖，袖口加长并有拼接，内搭百褶裙外露10厘米左右，下装为折腰宽腿裤，俗称汉裤，最后在腰间系一块腰巾，腰巾不仅有保暖与防护的功能，对于服装整体长衫造型比例，也起到装饰和分割的作用。接袖衫、百褶裙、腰巾和大折裤为这一时期着装标准搭配，服装风格受清代妇女大裾衫的影响较多。

图3-1-2　接袖衫正面

图3-1-3　接袖衫背面

图3-1-4　接袖衫卷袖

（一）接袖衫

接袖衫又称卷袖衫（图3-1-2、图3-1-3），由于袖子有意接长并翻卷而得名，“接袖衫”长袖斜襟，沿袭传统汉服的右衽大襟结构，衣长至膝盖，胸、腰、臀围直身宽松，前后中心线分割对接，衣摆稍成弧形外展，这一外展弧形一直沿袭至今，后来弧度演变越来越大，颜色基本是黑蓝和褐红（俗叫红口布）两色。“接袖衫”的特点是袖子另外接长，加长的袖子具有特殊的功能，在新婚时，新娘入洞房的时候，提起长袖以遮掩一脸羞红，作掩面遮羞之用，等到新婚第三天，才从袖长的一半处翻卷用布纽扣固定，便于以后的劳动。卷起的袖口不仅为了便于劳动，还要展露一个细节设计，在袖口背面贴有一圈约4厘米宽的黑布并镶饰色线，背面袖口还缀接两块拼合成长方形和三角形蓝布（图3-1-4），起到装饰作用，领根下方早期有正方形色布装饰（图3-1-5），后期演变成三角形，平常劳作穿的服装没有拼接色布。背面中心线右下方有线绣一块红色小正方形装饰，接袖衫纽扣为中式红色布扣，领前一粒，肩胛一粒，袖隆和腰间共七粒，固定卷袖两粒，共9粒，布质多为粗布和苎布两种。领型为黑色立领，一般采用粉红、粉绿、白色布条镶嵌，也有刺绣花纹图案，右衽挖襟边滚缝一条黑色布边（图3-1-6）。接袖衫造型类似于清代的“大袂衫”，色彩与面料局限于当时的经济条件，都是早期惠安女自己织布、染布得来。

图 3-1-5 接袖衫衣襟装饰

图 3-1-6 衣领嵌条装饰

20 世纪 20 年代末，接袖衫长度和宽度都在缩小，但衣摆弧度变大（图 3-1-7），接袖长度也在缩短，反折后露出里面不同颜色的贴边（图 3-1-8），领根下方的方形色布演变成三角形色布，一般是海蓝色拼明黄色边（图 3-1-9），互补色对比，面积上又以蓝色为主调。这个时期服装色彩流行黑色，最具特色的是刺绣立领，同时也是崇武、山霞女装刺绣工艺最成熟的时期，刺绣纹样题材广泛，各种花鸟鱼虫和人物场景共存，在衣领、领下门襟、腋下止口处的刺绣部位色彩采用柔和的红黄色系（图 3-1-10），为了减少对刺绣衣领的磨损，智慧的惠安女做了一个领、身分离的设计（图 3-1-11），戴上华丽的刺绣衣领，便成了盛装，平时劳作时取下衣领，便为便装。惠安女对服装的巧妙装饰无处不在，接袖衫左、右腋下的开衩止口位置，早期是红、绿色线固定装饰，逐渐演变成纹样装饰（图 3-1-12），与衣领花卉纹样相呼应。

图 3-1-7 演变中的接袖衫

图 3-1-8 缩短的接袖背面

图 3-1-9　三角形装饰

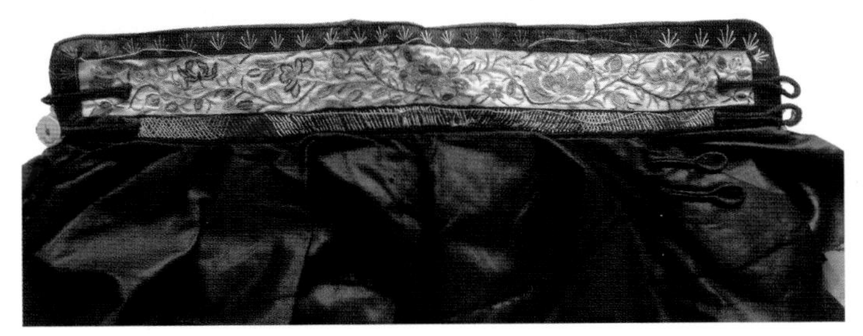

图 3-1-10　刺绣衣领

图 3-1-11　独立刺绣领

图 3-1-12　腋下刺绣纹样

（二）大折裤

大折裤又名大筒裤，俗称汉装裤，一般为黑色，裤脚口宽约 40 厘米，裤子腰头长与臀围相等，腰上拼接一条 15 厘米宽的蓝色布边，穿着时，在腰部折叠后，用细绳绑扎，再系上银腰带。平时一般着黑色棉布裤子（图 3-1-13），结婚当天以及有喜事、做客或回夫家时都要穿黑色绸裤（3-1-14），由于绸缎容易褶皱，惠安女便发明了来回折的折叠方式加以保存，使得服装上具有规律的折痕装饰，这种折叠方式也被延续下来，成为区别大岞、小岞惠安女服饰的一个重要特征。

（三）百褶裙

百褶裙在惠安女服饰中，与内衣搭配，造型类似于苗族的百褶裙，正因为有此特征，才有学者推论惠安女与苗族是否也有渊源。裙身由前、后两片黑色

图 3-1-13　黑色布裤

图 3-1-14　绸裤

硬布缝成细褶，并具有光感褶量有 1 厘米宽窄，裙长一般为 35 厘米长，早期腰头拼接一条褐红布，后期也有本色土布拼接，腰头宽度 6 厘米，是盛装时必备的搭配（图 3-1-15、图 3-1-16）。从褶裙的设计来看，百褶裙不是整个裙子均匀布褶，细褶比例占裙片的 2/3，另外 1/3 是平布，为了不使褶纹散开，每隔 5 厘米左右，用横线固定，惠安女百褶裙既具备不对称的形式美感、同时形成平面与立体的肌理对比效果，更值得一提的是百褶裙的穿戴方式，百褶裙并不是围在上衣的外面，而是穿在接袖衫的里面，从接袖衫的下摆处露出大约 10 厘米长度，充分体现了惠安女对服饰搭配的层次及含蓄美感的把握能力。

图 3-1-15　黑色百褶裙

图 3-1-16　百褶裙前、后两片

（四）腰巾

腰巾是围在上衣外面的服饰配件，有保暖和防污的功能，同时也起到装饰作用，一般在冬、春两季使用。腰巾的造型结构采用一条长方形的黑布，普通人家一般用的是棉、麻面料，富贵人家一般选择丝绸，长度约 100 厘米，宽约 35 厘米，弧线下摆，腰头拼接一条 6 厘米宽的蓝色或绿色双层布边，腰巾正中间做一个 10 厘米宽的工字褶，使围在腰间的腰巾富有立体的效果，腰端两头各有一个正方形装饰，正方形有多个不同花色的三角形碎花布拼接而成（图 3-1-17 ～图 3-1-19），红、黄、蓝、绿、紫艳丽的色彩跳跃在黑色腰巾的两端，系腰巾的带子一般采用红色穗带，并以带有刺绣纹样的长方形巾带作为装饰（图 3-1-20、图 3-1-21），刺绣纹样植物纹、几何纹居多，基本都是黑底彩绣，色彩稳重大方。

图 3-1-17　围系腰巾

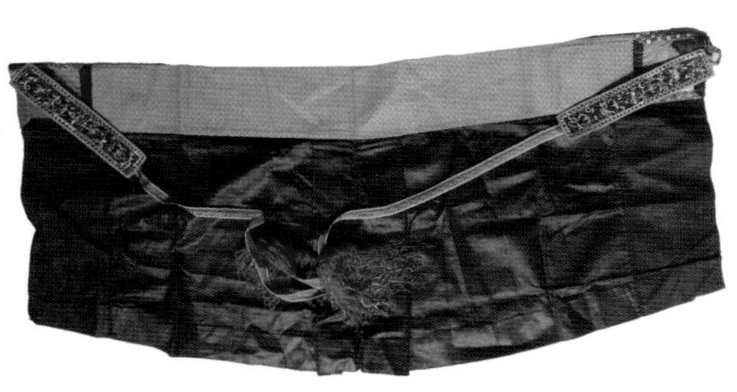

图 3-1-18　展开腰巾

图 3-1-19　腰巾头装饰

图 3-1-20　几何纹样刺绣腰巾带

图 3-1-21　花卉纹样刺绣腰巾带

三、20 世纪 30 ~ 50 年代服装

20 世纪 30 ～ 50 年代崇武、山霞上装由接袖衫演变成缀做衫，衣长有所缩短，增加贴背也就是背心，百褶裙已经不再穿着，腰巾增添了各种花色布，下装裤子款式基本没什么变化，只是面料品种有所增加，色彩依旧是黑色和深褐红。从这个时期整体服饰风格可以看出，清朝官服、民服对惠女服饰有一定影响，特别是多纽襻的背心，对近代惠女服饰影响较大。

（一）缀做衫

缀做衫是在接袖衫的基础上发展而来，又称中式挖襟衫（图 3-1-22、图 3-1-23），相对接袖衫，缀做衫各部位略为收缩，下摆衣沿弧度加大，当地称"裳根尾"加宽，往外弯展，腰围处的中式纽襻减少，袖口镶蓝或绿色布边，左右侧缝开衩，相对纽扣的侧面开衩部位，用色线绣一个菱形网状图案固定（图 3-1-24），衣服色彩仍然是褐红或黑色。领型依然是立领，领面上刺绣图案由简变繁（图 3-1-25），这些刺绣领依然是备用领，盛装时穿戴（图 3-1-26、图 3-1-27），领根下方的形色布改为三角形，在前后中心线两侧缀做两块长约 15 厘米、宽约 12 厘米的黑色或深褐色方形绸布，衣服褐色缀做黑色绸布，黑色衣服缀做褐色绸布，其四边各镶接一块边长约为 5 厘米的三角形色布（图 3-1-28），缀做衫因为这些缀做工艺而得名。[1]这些正方形和三角形的缀布看上去像规则排列的补丁，但这些"补丁"代表了惠安女对服饰独到的审美。缀做衫在当时也是节日、做客、回夫家时才穿着，平时服装没有缀布，也没有刺绣。

[1] 陈国强，石奕龙．崇武大岞村调查 [M]．福州．福建教育出版社，1990：200．

图 3-1-22　缀做衫正面

图 3-1-23　缀做衫背面

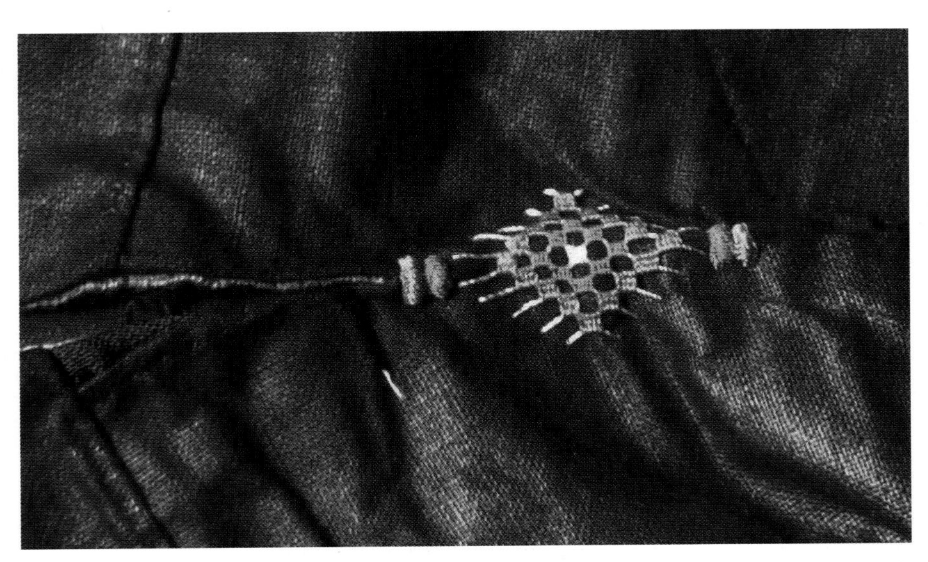

图 3-1-24　开衩止口渔网纹绣

图 3-1-25 刺绣领缀做衫

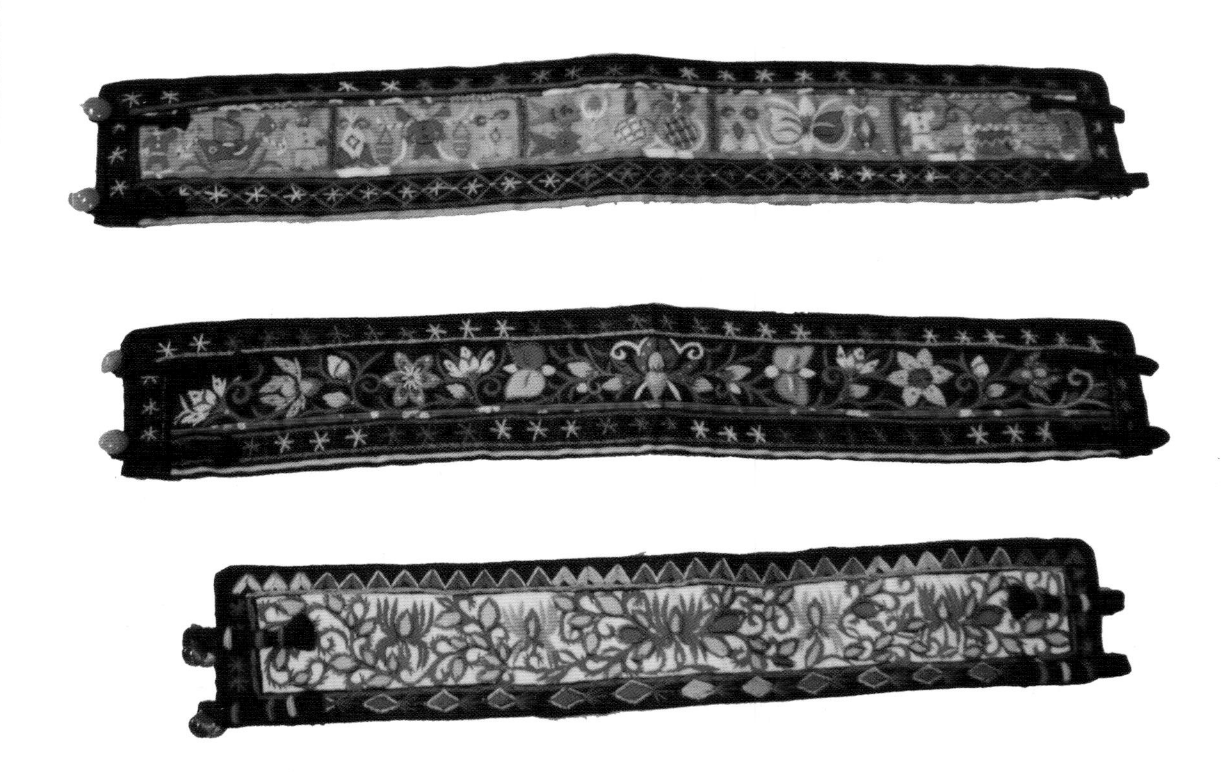

图 3-1-26 缀做衫刺绣衣领

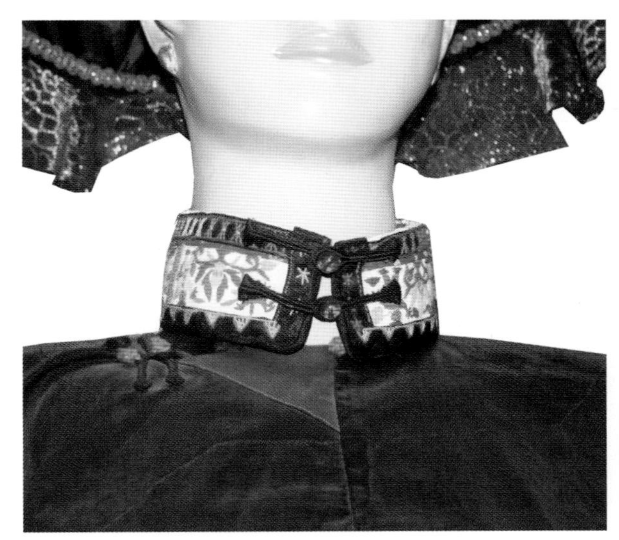

图 3-1-27　可穿戴的刺绣立领

图 3-1-28　缀做衫胸前缀布

（二）贴背

贴背是这个时期新增加的上衣种类，属于有领无袖的背心，现在称为马甲，结构类似于清朝的马褂，穿在缀做衫的外面。贴背的结构是前短后长，前下摆平直，与腰线平齐，后下摆与缀做衫类似，弧形下摆，与缀做衫下摆等长（图 3-1-29）。颜色为不同色拼接，以蓝色、黑色为基础色，上半截一般为蓝色较多，也有黑色（图 3-1-30）。贴背的前衣片由 2 ～ 3 色拼接，一般以蓝色为基础色配绿色或黄色，衣领和前下摆拼接同色，或另外拼色，贴背后片弧形下摆也有 10 厘米左右的拼接色。贴背早期是立领，后期也有翻领，领子的演变也是由窄至宽，由简至繁，最后又由繁至简，从素色拼接到刺绣纹样（图 3-1-31）。贴背不同于传统汉服的右衽斜襟，为对襟设计，可能是受清代马褂的影响。聪明的惠安女在物质缺乏的时代，设计了双面穿贴背，在门襟位置设计双门襟（图 3-1-32、图 3-1-33），纽扣为长襻布扣，里外都有，左右对称，衣领一对，衣领以下三对为一组，共两组，位置在胸部，色彩有白色、黑色，腰线下拼接色块处不设纽襻。拼色一般也是以蓝绿为主，而且绿色为花色布拼接，也有与领子色调相呼应。惠安女的贴背不同于我们现在背心，穿在外衣里面，而是作为盛装的一个重要搭配，穿在缀做衫的外面（图 3-1-34、图 3-1-35）。

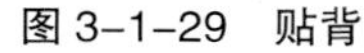

图 3-1-29　贴背

图 3-1-30　黑色贴背

图 3-1-31　刺绣领贴背

图 3-1-32　两面穿贴背（一）

图 3-1-33　两面穿贴背（二）

图 3-1-34　配套着装

（三）腰巾

这个时期，惠安女标准装束为缀做衫、贴背、腰巾和大折裤，腰巾也称为肚裙，腰巾相对于 20 世纪 20 ～ 30 年代增加了一些不同的花色，装饰风格由繁及简，腰巾的颜色还是沿袭黑色，腰口的拼色延续了以往的蓝、绿色拼接，只是面料种类有所增加，出现了棉麻、丝绸、化纤面料等，面料各种花纹肌理都被采用，但都是同色暗花纹，内敛含蓄（图 3-1-36），腰带精致的刺绣纹样慢慢被简化，同样起到装饰效果的穗带色彩越来越丰富（图 3-1-37）。

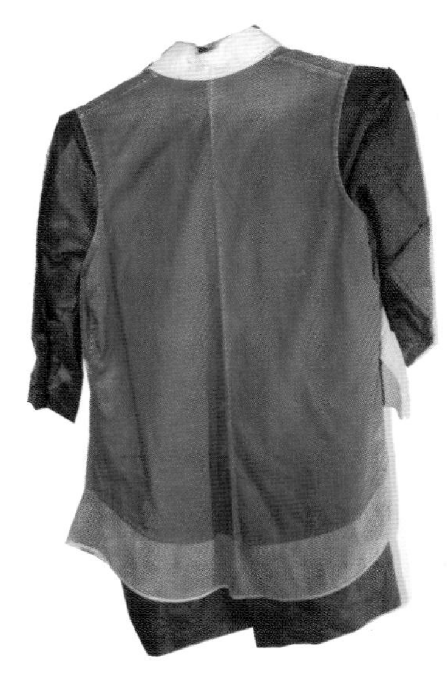

图 3-1-35　搭配着装

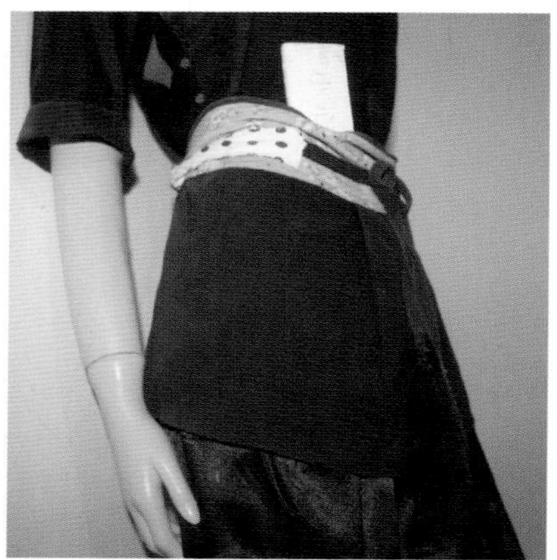

图 3-1-36　各种面料腰巾

图 3-1-37　各种腰巾穗带

四、20 世纪 50 年代后服装

（一）节约衫

20 世纪 50 年代后，由于倡导妇女平等，鼓励妇女积极参与社会生产劳动，进行风俗改良活动，传统过去标准式搭配已经不合时宜了，老人的着装风格依旧是缀做衫、贴背、腰巾，但一些隆重节日等场合年轻惠安女依然穿戴传统服装，20 世纪 60 年代年轻的惠安女们在时代变革中，她们的着装风格也在悄然变革，“缀做衫”缀做补丁似的工艺被取消，自然也就不能称为“缀做衫”了，由于衣身变短、袖身变小，便有了“节约衫”的称谓，早期色彩以自染的土红色为主（图 3-1-38、图 3-1-39），冬天多为蓝色和黑色（图 3-1-40、图 3-1-41）。纽扣依然是长条布扣，上装、下装折痕加深，这些折痕装饰源于化纤、丝绸面料易皱特点，不易存放，于是聪明的惠安女采用独特的来回折的保存方式，久而久之折痕变成了大岞、山霞惠安女服饰独特的装饰风格，为了让这些折痕能持久，早些时候用石板压，现在用熨斗熨烫。

图 3-1-38　20 世纪 50 年代初节约衫正面

图 3-1-39　20 世纪 50 年代初节约衫背面

图 3-1-40　蓝布衫

图 3-1-41　黑色节约衫

“节约衫”结构特点是右衽斜襟继续沿袭，衣长缩短至腰线，袖子不仅细窄，而且也缩短至小臂的中部，“节约衫”相对于“缀做衫”形成了一种新的格调，衣身弧形下摆继续延续，弧度越来越大，“缀做衫”前后腰部的长方形、三角形色块被去除了，原有衣领下方三角形刺绣装饰一般也只用于盛装（图 3-1-42、图 3-1-43），日常装领口下方没有三角形装饰。“节约衫”装饰特点已不在领部；转移至斜襟、袖口，衣身装饰纹样题材依然采用植物花卉为主，缀做衫原有开衩固定处菱形刺绣图案，演变成花卉图案（图 3-1-44），而且刺绣纹样的材料由原来的丝线改为细毛线，俗称“膨体纱”更加突出体积感和色彩的鲜艳度。“节约衫”

衣身胸围、袖窿处收紧包住丰满的胸部和臂部，充分体现上身的曲线，袖长为七分中袖，长至小手臂的一半，海边干活的时候方便，不用卷衣袖，以免弄脏弄湿，衣身下摆呈 A 字圆弧形，前后等长，露出里面的彩色内衣，更重要的是露出银腰链，极具装饰性。转移到袖口上的刺绣纹样早期是手工刺绣，现在基本是机绣，刺绣纹样同时与花色布滚边拼接（图 3-1-45、图 3-1-46），不同种花色巧妙融为一体，新中国成立以前衣领刺绣已成为历史了。

图 3-1-42　大岞惠安女新娘装正面

图 3-1-43　大岞新娘装背面

图 3-1-44　开衩止口花卉纹样

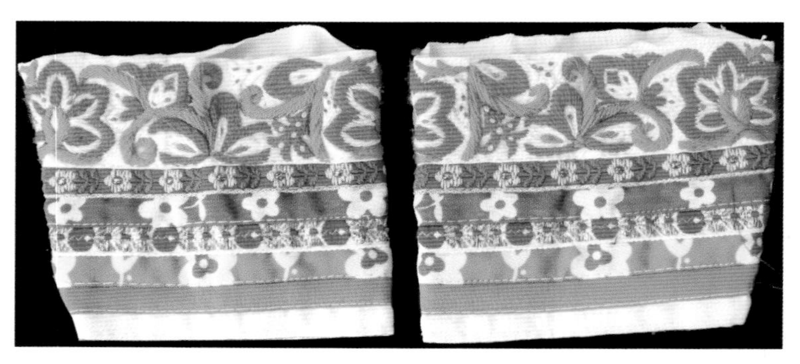

图 3-1-45　袖口线绣装饰（手工绣）

图 3-1-46　袖口装饰边（机绣）

20 世纪 60 ～ 80 年代，节约衫立领演变成小翻领，色彩以蓝绿色为主，衣身拼接沿袭民国时期的贴背前片上下拼接的设计，惠安女在原有拼接原理上还增加了错位拼接，据说传达男左女右，男高女低的意思，不过这一说法的真实性有待考究，现在老人夏装依旧有穿着这种拼接的款式。节约衫夏装颜色为白底条纹配绿色布（图 3-1-47），挖襟滚边条与下面拼接布相同，冬装色彩通常为黑色、湖蓝、孔雀蓝（图 3-1-48、图 3-1-49）。

20 世纪 90 年代至今，节约衫依然沿袭挖襟衫，袖口花边装饰，挖襟没有镶滚边饰，依然长条布扣，衣身多呈现规则横向折痕，这种折痕装饰早期用石板压，现在用熨斗熨烫。夏装多采用各种白底小花布（图 3-1-50），冬天节约衫面料基本都是蓝偏紫色的暗花纺绸布，花色领（图 3-1-51、图 3-1-52），袖口拼接采用机绣的花边装饰（图 3-1-53）。相继出现的不同花色都受到惠安女的喜爱（图 3-1-54 ～图 3-1-56）。

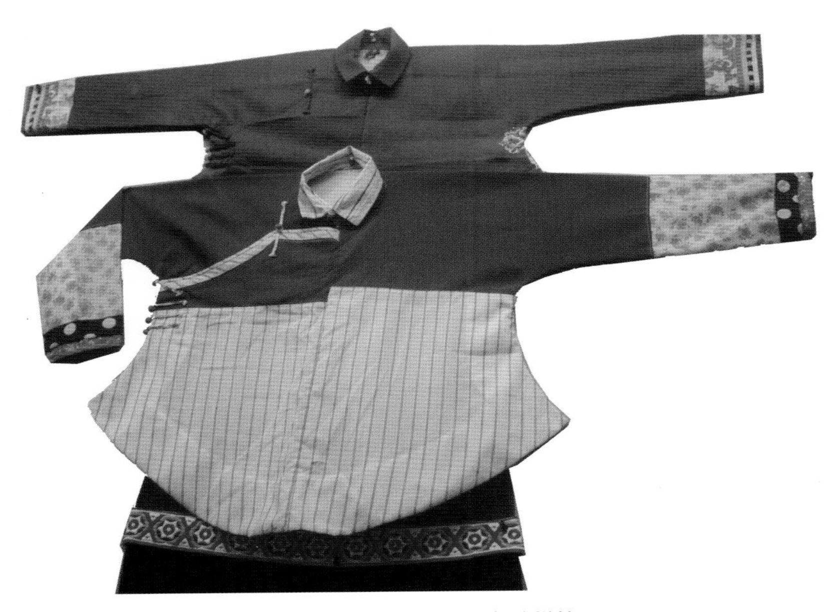

图 3-1-47　绿色布与条纹拼接

图 3-1-48　黑色冬装

图 3-1-49　黑色礼服

图 3-1-50　白底小花夏装

图 3-1-52　冬装

图 3-1-51　紫蓝色冬装

图 3-1-53　各类袖口花边

图 3-1-54　绿色大朵花夏装

图 3-1-55　20 世纪 90 年代大岞惠安女服装

图 3-1-56　大岞女整体着装效果

（二）束胸内衣

束胸内衣是惠安女节约衫重要必备的配套服装，兼具功能和装饰性，早期仅为束胸功能，20 世纪 50 年代后上衣缩短演变成节约衫才起到装饰作用。惠安女以胸部平直为美，在生不露面的时代，胸大既不便于弯腰劳动，同时也耻于见人，所以惠安女从小就开始穿紧身内衣，这种紧身内衣为对开襟，中间用密集的扣子扣紧，相隔约 3 厘米一粒，以缩紧胸部为目的，这种紧身衣和封建社会“三寸金莲”的裹脚习俗一样，严重影响身体发育，给很多惠安女婚后哺乳带来不便，但还一直沿袭，直到 50 年代后才慢慢被现代胸罩所代替，但老年人还一直沿用紧身内衣。

大岞、山霞束胸内衣分为背心和短袖两种（图 3-1-57、图 3-1-58），长度齐腰，下摆平直，与弧形下摆的节约衫搭配，既有束缚乳房功能，又起到装饰作用。虽然是内穿背心，但惠安女并没有忽略它的美感。内衣采用鲜艳花色布拼接（图 3-1-59），几何花纹、花卉纹居多，特别突出下摆横条花边装饰，与节约衫搭配，正好露出内衣的下缘。为了美观，没有在节约衫上设计口袋，而是把口袋设计在束胸背心上，有的采用不对称口袋设计，一边为横插袋，一边为斜插袋，左、右口袋各具特色（图 3-1-60）。

图 3-1-57　大岞束胸背心

图 3-1-58　山霞束胸短袖及其口袋

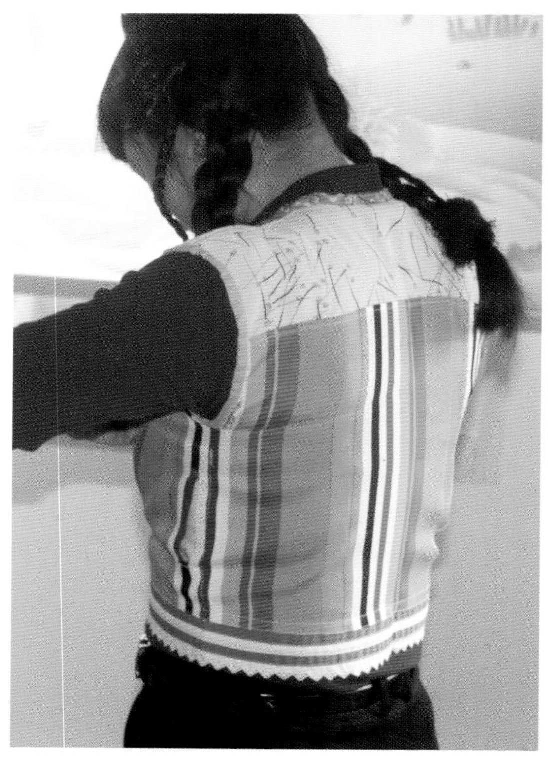

图 3-1-59 大岞束胸彩条背心

图 3-1-60 内衣口袋

（三）宽腿裤

裤子一直保持宽腿裤的造型，由于宽大的腰部需要折叠，又称“大折裤”，颜色还是黑色裤身与蓝色腰头相接，面料基本都是绸缎或纺绸面料，棉布裤已被淘汰，折痕装饰继续保持，这种独特的来回折叠的方式也有讲究，折叠的顺序不能弄乱（如图 3-1-61 ～图 3-1-63），前片是凸痕，类似西裤挺缝熨烫线的效果，后片是凹痕，顺着人体的结构，这种折叠方式一直保留下来，并沿用到上衣和头巾上。

中老年人一直喜欢穿宽腿裤，她们常年生活在海边，经常卷起裤脚，便于挑负重担行走，

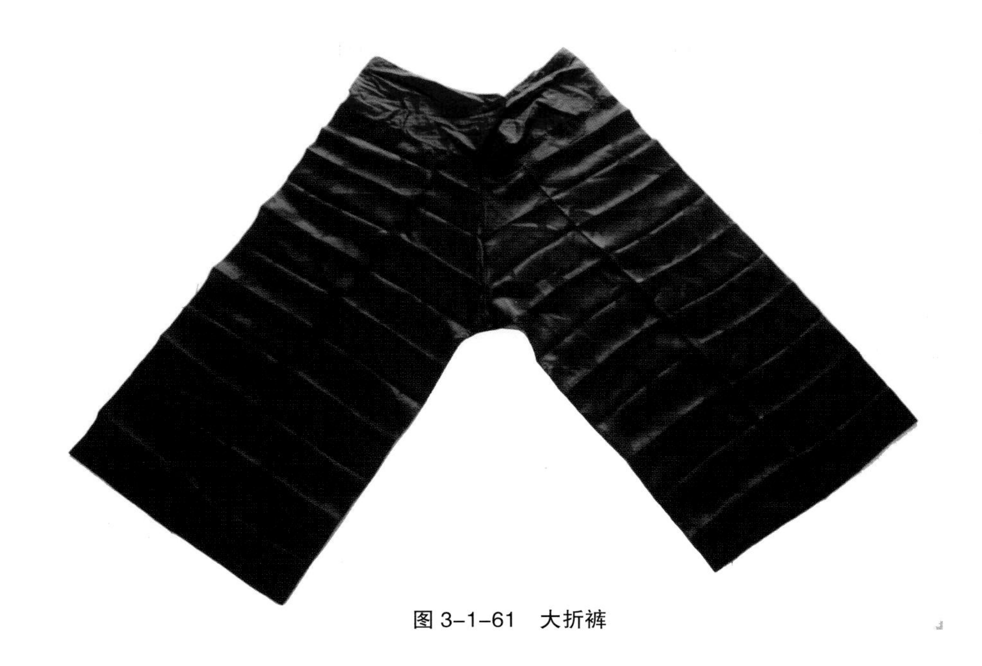

图 3-1-61　大折裤

图 3-1-62　大折绸裤

图 3-1-63　折叠大折裤

由于劳动方式不变，使得宽腿裤一直保持原来的结构，包括最初的宽腿裤腰部系法（图 3-1-64、图 3-1-65），年轻惠安女跟着时代步伐外出上班、求学等，都不再穿着传统服饰，留在村里的年轻妇女也改穿黑色西裤搭配节约衫，腰系皮带，只在喜庆节日等特殊日子才整体穿着传统服饰。但是不论是宽腿裤还是西裤，色彩都是选用黑色，衬托花色上衣，稳重大方。

（四）袖套

惠安女服饰功能与美感都与劳动实践紧密相连，袖套来源于劳动的需要，它不仅能够保护上装袖口刺绣或镶拼的装饰免受污损，还兼有防晒、防寒的功能。惠安女们根据不同色彩的线条和图案，设计出不同样式的袖套，极具装饰性（图 3-1-66）。

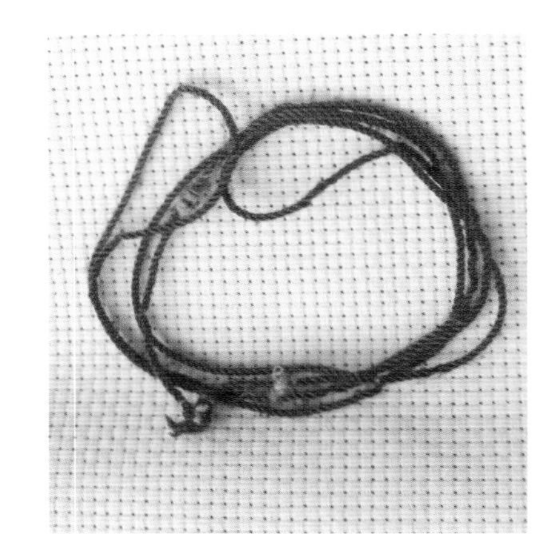

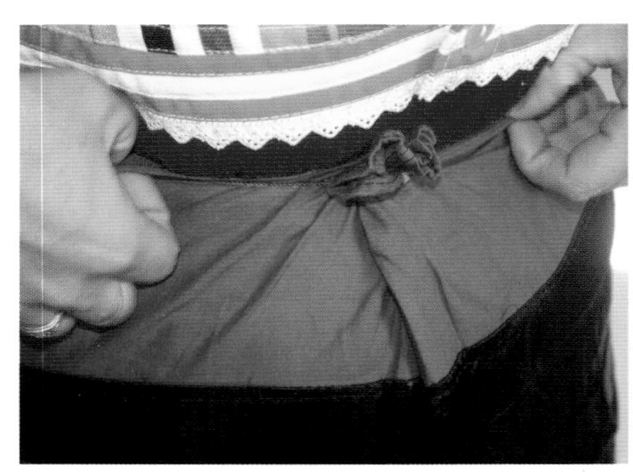

图 3-1-64　宽腿裤系法

图 3-1-65　裤子着装效果

图 3-1-66　袖套

第二节　小岞、净峰惠安女服装

一、小岞、净峰惠安女服装概述

小岞、净峰惠安女服装与崇武、山霞妇女服装有明显的地域差别，特别是20世纪50年代以前风格迥异，50年代后服装基本结构趋于一致，但细节设计及工艺特点还是各具特色。有句民谣“裤头脱脱，头顶插牛骨，腹肚黑漆漆，肚脐亲（真）像土豆窟”就是对小岞、净峰妇女穿戴的描述。

二、清末至20世纪20年代服装

清末至20世纪20年代，小岞、净峰妇女服饰主要由上装“大裍衫”和“贴背”组成，贴背是双层，秋冬季节起到保暖作用；下装“宽筒裤”“百褶裙”，腰间系腰巾，既保暖又防污。

（一）大裍衫

上装大裍衫，基本结构沿袭清代妇女立领右衽斜襟衫，长过膝盖，宽松直身，下摆稍有弧度，可能是由于受布幅宽窄的影响，前中心线对称拼接，袖长及腕，宽袖口有翻折蓝色布边，斜襟处缝几副铜质纽扣（后改为布纽），右衽门襟镶滚其他色边，含蓄内敛。面料为土产粗纱布，或自织的苎麻布，或以苎麻布为经、以纱为纬交织的苎纱布，用青黛等颜料染成暗黑透蓝，称为“城内葱”，染后还要上胶碾平，有亮色，质坚硬，这个时期外衣无镶滚工艺（图3-2-1）。

图3-2-1　大裍衫

（二）贴背

这一时期小岞、净峰“贴背”即无袖对襟夹衣，双层，有里布，里面一般用“城内葱”，城内葱是一种染色布的名称，把土产的粗纱布，或自织的纻布，用青黛等颜料染成暗黑透蓝，有葱翠之致，故也称为城内葱。面布用月蓝布，长度与外衣相同，领高3厘米，领下有铜质纽扣一副，胸前正中密排三副（后改为布纽），此期间外衣和贴背不加滚边，这种夹衣用于秋、冬两季，加在上衣外面，主要用于保暖。

（三）裤子

裤子为“大筒裤”，与大岞、山霞惠安女裤子基本一致，俗称“汉装裤”，这个时期的裤子色彩与衣衫色相统一，裤脚口宽约 40 厘米，裤子腰头长约为 65 厘米（对折后），腰上拼接一条宽 15 厘米，长约 65 厘米（对折后）的白色布边，面料为黑白粗布，裤脚为蓝色布边装饰，宽窄大约 3 厘米（图 3-2-2）。这个时期，男女裤款式一致，经常有男女混穿的现象，穿着时，宽腰在腹前对折，用细带系牢。

图 3-2-2　大筒裤

（四）百褶裙

百褶裙也称为肚裙，由两片上蜡的黑布组成，一般每片为 50 个褶，均匀排列。裙身用彩色线横向等距离隔段压折，腰上端拼接一条 10 厘米左右宽的白色棉布作为裙腰，两边系带，裙摆下端大约 15 厘米宽刺绣边纹，色彩采用红黄色系，与黑色裙身形成强烈对比。纹样采用曲线、折线等几何线组合纹，同时还用彩线横向固定褶皱，使裙褶不易散开，百褶裙是盛装时必备的服装配套（图 3-2-3、图 3-2-4）。

图 3-2-3　百褶肚裙

图 3-2-4　肚裙下摆刺绣纹样

（五）腰巾

腰巾主要在操持家务或外出劳动时穿着，清末时期当地妇女用“城内葱”制作腰巾，其正中有两条褶纹缉在一起，与大岞腰巾相同，上端接一条双层白布作腰巾头，腰头连接处绣有一长方形的蓝色绣纹装饰，绣纹采用弧线对接，构成连续适合纹样，类似大岞惠安女巾仔头刺绣纹样。长方形花纹周边用白布滚边，边角为花朵与万字布滚，极具装饰效果。巾头两边各系红色纱带一条，末端散开作流苏状（图3-2-5、图3-2-6）。进入20世纪，净峰、小岞的腰巾仍继续沿用旧制。

图 3-2-5　腰巾前面

图 3-2-6　腰巾后面

三、20世纪30～40年代服装

这个时期服装搭配依然是：上衣大裆衫和贴背，下装大筒裤和腰巾，百褶裙逐渐退出，新增褡裢也称插么，用来盛装东西，相当于我们现在的手袋。上衣虽然沿袭上个时期的基本形制，但长短、宽窄、装饰等细节有了很大程度的演变。

上衣长度缩短至腰围和臀围之间，胸腰围度缩小，趋于合体；上衣面料和颜色也越来越讲究，色彩在黑色基础上增加了月蓝色（图3-2-7）、绿自由、绿米长（绿底白点花纹）（图3-2-8）；材料有黑密乳，也有选用蓝色、绿色华达呢和哔叽等；这个时期最大的装饰工艺是各种布滚工艺，位置由衣襟延续到前后裾，再到袖口，滚条从一条到多条递增，花样也越来越丰富，这是属于节日盛装的打扮，平时着装也只有大裆衫加滚，滚条也简单多了。

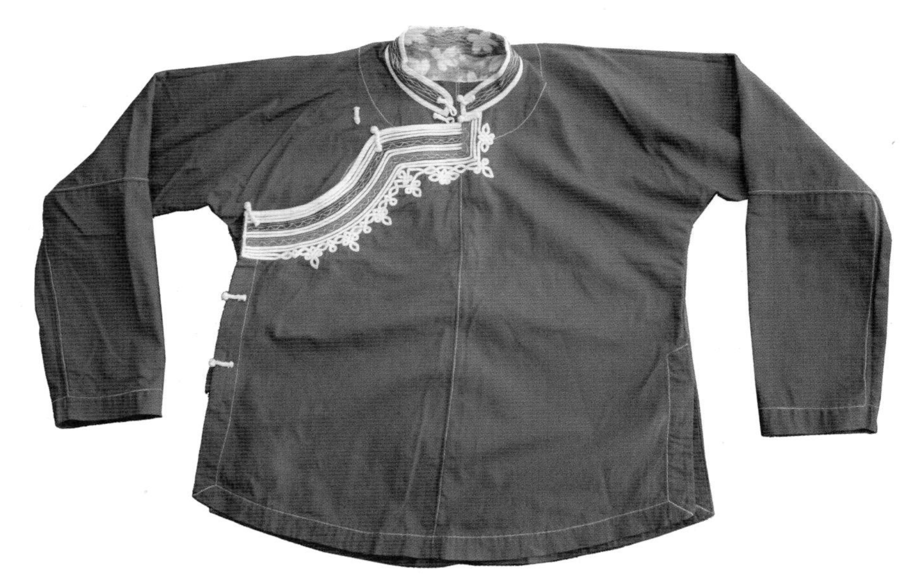

图 3-2-7　月蓝色上衣

图 3-2-8　绿米长上衣

（一）上衣

这个时期上衣长度逐渐缩短，一直缩到臀部，长约 60 厘米，宽度改变不多，袖长及腕，袖口稍缩，衣领为立领，高 3 厘米。布滚工艺是先沿着大衿（即衣襟）开始镶滚装饰（图 3-2-9 ～图 3-2-11），从一行白滚条逐渐增加到多条，并且扩大滚镶的面积，镶滚位置也是由大衿滚，发展到开裾滚、袖口滚（图 3-2-12、图 3-2-13）。滚条的行数及式样，由少而简，逐渐增多增繁，既有线滚，又有布滚、花滚、

图 3-2-9　蓝色上衣门襟滚

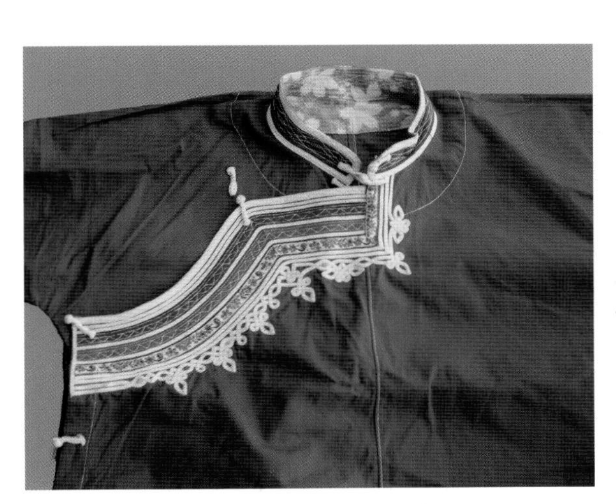

图 3-2-10　不同门襟滚

图 3-2-11　不同种类滚条

图 3-2-12　前裾滚

图 3-2-13　后裾滚

大小橄榄滚、万字滚等，最多时有占整个衣料的四分之一，五颜六色，琳琅满目，如袖口无滚边，要另备一副加滚的袖套。先白滚条，然后红绿布条相间滚，最里面用白团线绽出两行交错的马齿形花纹，由领至裾共有纽扣 5 副。早期上衣色彩黑色居多（图 3-2-14、图 3-2-15），中后期主要是蓝色和绿色（图 3-2-16、图 3-2-17）。

图 3-2-14　黑色门襟多道滚边

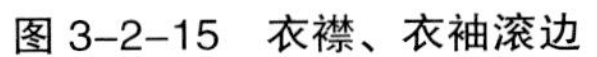
图 3-2-15　衣襟、衣袖滚边

图 3-2-16　蓝色上衣

图 3-2-17　绿色上衣

（二）袖套

这个时期的袖套不是为了防污，而是装饰，早期袖口也是和衣襟一样布滚花纹图案，由于袖子容易磨损，于是惠安女便设计了一个可以单独穿脱的袖套，做客等正式场合戴上滚轧花纹的袖套，干活的时候可以拿下来，就可以不用心疼弄脏袖口滚轧纹样。袖套的颜色与衣服相配套，一般有蓝色、黑色和绿色（图3-2-18～图3-2-20），底色不同，所滚的颜色相应不同。滚边的纹样为直线、折线、曲线纹组合，这种独特的工艺是小岞、净峰服饰的重要特征之一。

图 3-2-18　蓝色袖套

图 3-2-19　黑色袖套

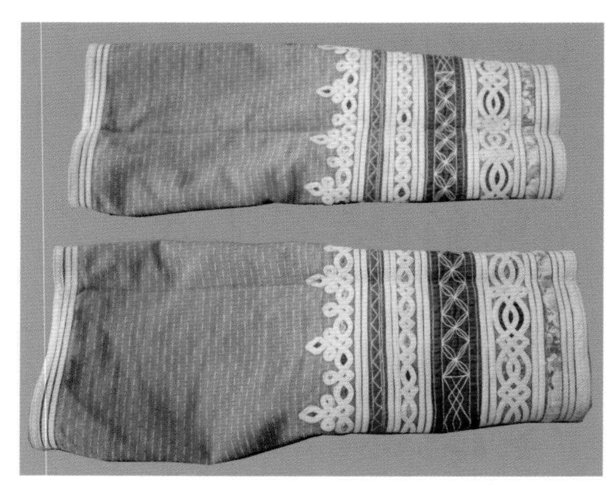

图 3-2-20　绿米长袖套

（三）贴背

贴背一直被沿用，但不是双层，不用里布，仅仅用面布，长度如上衣一样逐渐缩短，20 世纪 30 年代初仅及臀部，这个时期，领纽扣一般为两副，早期也有一副，胸部纽扣四副，比以往多出两副纽扣，位置还是密集排列在胸部，与大岞贴背纽扣排列类似，这个时期贴背和外套一样镶滚装饰，早期在袖窿、前襟、两裾，背后镶白色布滚两条，拐弯直角处万字滚，富有人家材料一般为丝绸面料（图 3-2-21、图 3-2-22），贴背前后侧缝用不同色彩相拼如意纹（图 3-2-23），这是小岞镶滚工艺的另一大特色，前后片曲线滚布条在侧缝巧妙汇聚成吉祥的如意纹样，赋予浓郁的民间装饰特征。后期布滚逐渐加多，滚条的颜色花样也越来越丰富，白布滚逐渐增加到色布滚（图 3-2-24），到 40 年代末，镶滚变化程度与上衣相一致，越来越繁缛，而且贴背与袖套配套搭配居多（图 3-2-25 ～图 3-2-27）。

这一时期另一大特点是上衣、贴背靠后片肩下有一个 6 厘米左右正方形“绣记”（图 3-2-28），源于传说中康小姐被抢时，刮破衣服的标记。

图 3-2-21　丝绸白条滚

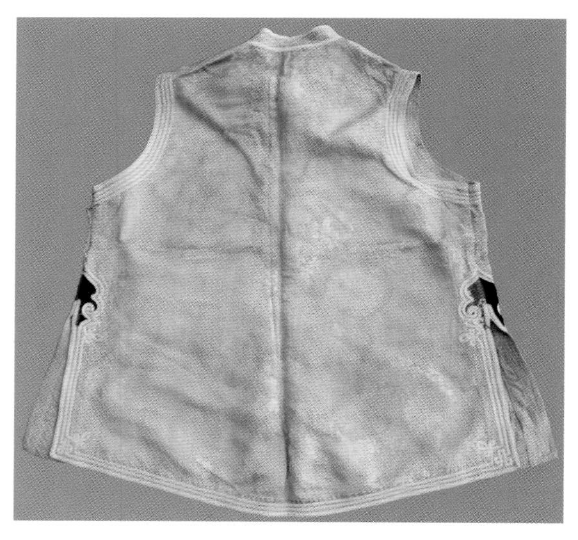

图 3-2-22　丝绸白条滚背面

图 3-2-23　腋下如意纹

图 3-2-24　早期贴背

图 3-2-25　绿色贴背与袖套搭配

图 3-2-26　黑色配套搭配

图 3-2-27　黑色贴背、袖套

图 3-2-28　上衣背后绣记

（四）裤子

裤子款式一直沿袭以前的宽腿裤，面料与之前相比更加丰富，裤料有黑帛仔、黑密乳等。裤头拼接有白色和绿色两种，目前白色裤头只有老年人才穿，绿色裤头一直延续至今，成为标准绿。这个时期裤子侧缝靠后片小腿处有一块正方形的绣记，与上衣一样都是由五彩绒线绣上的，边长尺寸大约 6 厘米（图 3-2-29）。裤子与腰头色彩搭配是有讲究的，黑色裤子配白色腰头或绿色腰头，蓝色上衣配黑色裤子绿色腰头，黑色上衣要配黑色裤子（图 3-2-30、图 3-2-31）。

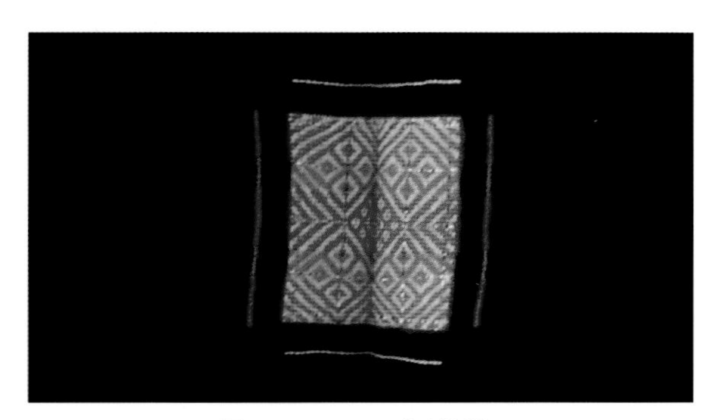

图 3-2-29　正方形绣记

图 3-2-30　蓝色上衣、黑色裤子

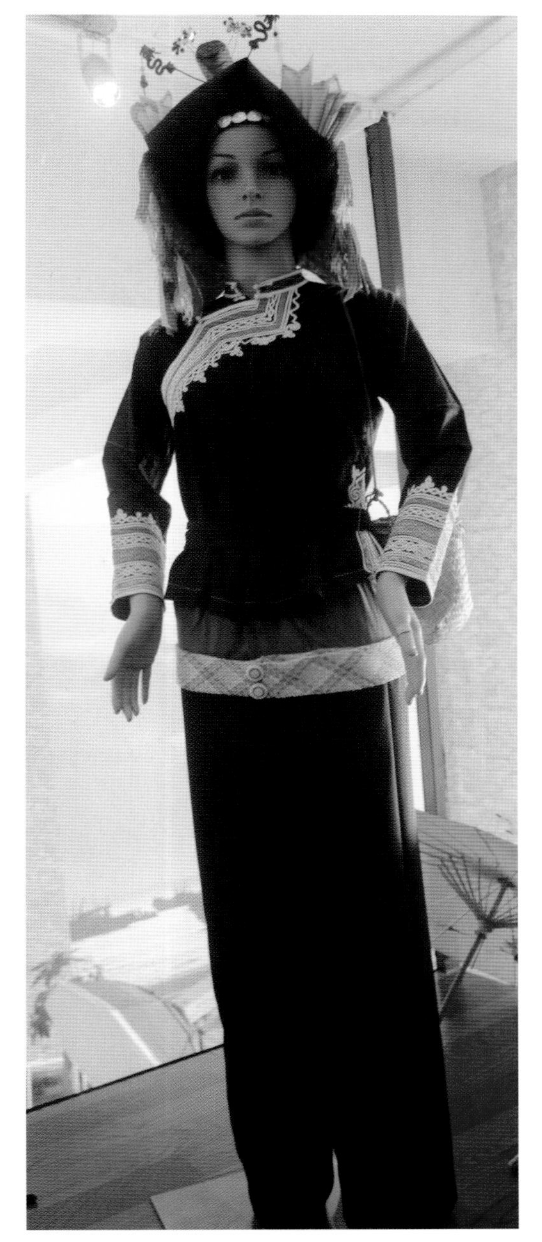

图 3-2-31　黑色上衣、黑色裤子

四、20世纪50年代后至现代服装

20世纪50年代后，政治、经济、文化都发生了重大变革，服饰也随着发生变化，最大变化是头饰，我们前面一章有详细阐述。服装款式、颜色在原有的基础上有了较大的变化。

（一）节约衫

20世纪50年代初，服装的款式、颜色基本不变，面料上变化较大，各种新型面料带给智慧的惠安女更多的灵感，上装时兴各种红色、绿色细花布（图3-2-32、图3-2-33），上衣长度缩短到臀部以上、腰部以下，袖口也逐渐缩窄，红色碎花衬衫配绿色滚边贴背称为时尚搭配（图3-2-34），以前的月蓝布和绿米长面料基本被花布取代了。现在小岞、净峰妇女上装色彩以群青蓝、浅蓝碎花化纤上衣居多，衣长缩短到腰部，下摆水平，不像大岞节约衫下摆弧度那么大，这也是大岞、小岞服饰又一显著区别。冬天配红色毛背心或外搭其他各式服装，原来立领变化成翻领，袖口结合现代衬衫袖口，开衩接袖克夫，各种布滚工艺被简化成白色线迹，也有加缝金色线迹，传统布滚工艺已经趋于消失(图3-2-35～图3-2-37)。小岞、净峰60岁以上的老人还依旧穿布条滚装饰蓝色上衣，只是工艺趋于简单了，一般只有1～2道色布滚条装饰门襟（图3-2-38）。

图3-2-32　红花细布衫

图 3–2–33　绿花细布衫

图 3–2–34　细红花衫 + 绿贴背

图 3–2–35　群青蓝上衣

图 3-2-36　小岞女服装（一）

图 3-2-37　小岞女服装（二）

图 3-2-38　小岞老人服装

（二）内背心

小岞、净峰妇女节约衫里面同样要穿一件内背心（图 3-2-39、图 3-2-40），内背心早期也起到束胸作用，现在年轻惠安女即使穿胸罩，夏天也要在节约衫里穿内背心，一是作为束胸内搭，二是其口袋可以装物。为了保证外形的平整，小岞、净峰惠安女节约衫、宽腿裤都没有设计口袋，口袋的功能就同样落在内背心上了，这样既私密又不影响外观。小岞、净峰妇女内搭背心是纯白色，没有相拼其他色块，不像大岞、山霞背心色彩那么艳丽、斑斓，纯白色与日常青蓝色节约衫搭配，相互映衬，朴素又清新。面料采用棉布或的确良。

图 3-2-39　内背心正面

图 3-2-40　内背心背面

（三）贴背

贴背分春夏和秋冬两种类型，春夏的颜色以绿色为主，单层不加里布（图 3-2-41），继续延续上个时期的加滚布条工艺，袖窿、门襟和下摆所有边角都有加滚工艺。贴背下摆及腋下开衩边缘要滚 5 道工艺，首先白布条滚两道，然后红色花布滚一道外，再加滚白布条一道，里面才是波浪花纹和橄榄枝花滚（图 3-2-42），汇聚到腋下侧缝成如意云纹（图 3-2-43），寓意吉祥如意。到了 20 世纪 60 年代后期，冬天穿的贴背开始被红色毛线开衫背心所替代，毛线背心下摆约 5 厘米宽织绿色毛线，中间用红色毛线等分编织，领型与下摆织法同，袖窿有织 2 ～ 3 厘米宽绿色毛线作为边饰（图 3-2-44），现在小岞传统新娘服装搭配，就是绿色花衬衣配红色毛线背心（图 3-2-45）。

图 3-2-41　单层贴背内里

图 3-2-42 绿色加滚工艺贴背正、背面

图 3-2-43 侧缝开衩如意纹

图 3-2-44 毛线贴背

图 3-2-45 绿衫配红贴背

（四）裤子

裤子款式一直变化不大，在先前的宽度上有所缩小，面料和色彩有了一些增加，棉布基础上增加了许多化纤面料，现在基本都不穿棉布裤了，这一时期裤料有东方绸、凡力丁、尼龙等面料。裤头统一采用标准绿色（图 3-2-46），裤筒也逐渐缩短至 30 厘米左右，后臀下 6 厘米绣记移至小腿位置（图 3-2-47、图 3-2-48）。裤子颜色除黑色外，还有蓝色，老年妇女穿黑色宽腿裤拼标准绿色布腰头，中青年惠安女穿蓝色拼接绿色腰头，与大岞、山霞惠安女裤相比除色彩不同外，它没有规律的折痕，未婚女子在绿色腰头上扎有红、蓝色塑料丝编织的腰带装饰，已婚妇女配“银裤链”，银裤链是订婚时夫家送的聘礼，因而也具有特殊的意义。20 世纪 90 年代小岞、净峰惠安女裤装受现代妇女直筒西裤的影响，节约衫同时也配连腰灰色直筒裤，臀围合体，裤筒宽敞，配高跟鞋，上短下长，形成强烈的比例对比（图 3-2-49、图 3-2-50）。

图 3-2-47　小腿处绣记

图 3-2-48　菱形花纹

图 3-2-46　蓝裤绿腰头

图 3-2-49　现代裤装

图 3-2-50　现代搭配

第三节　蟳埔女服装

蟳埔女以勤劳朴实、美丽服饰穿戴而著称。每天行走在城镇沿街叫卖的蟳埔女，头戴“簪花围”，耳佩“丁香钩”，身穿“大裾衫”“宽腿裤”，这种特定的装扮已成了她们叫卖的“标志”，蟳埔女是海的女儿，每天的潮起潮落都是她们的牵挂和希望，特定的环境、独特的地理位置和深厚的历史积淀，使她们的服饰别具一格。

一、蟳埔女服装概述

蟳埔女传统服装简朴宽松，上衣为布纽扣的斜襟右衽衣，俗称“大裾衫”，为方便劳动，上衣的肩、臂、胸、腰的尺度力求与身体相协调，但衣袖均比惠安女衣袖长，下摆稍呈弧形，穿在身上既显示出柔和的曲线，又不失女性苗条与丰满。下装同样是宽筒裤，又称为“汉裤”，现代蟳埔女着装受现代审美的影响，西裤、牛仔裤与大裾衫搭配随处可见（图3-3-1）。

图 3-3-1　大裾衫搭配牛仔裤

由于染色条件的局限，传统服装早期以黑色、褐红色以及青、蓝色调为主，蟳埔女曾经一度流行把布料用龙眼树皮薰汁染成紫红色做上衣。现代蟳埔女上装色彩艳丽，以红黄暖色系为主，各种大朵花、小朵花争相斗艳，老年妇女上衣以大红为主色（图 3-3-2），裤子色彩还是以黑、蓝色为主。早期面料为棉布或苎麻，如今品类众多的化纤面料都是蟳埔女服装面料的选择。

二、早期蟳埔女服装

蟳埔女和惠安女都属于泉州境内，是泉州民俗的两朵奇葩，与惠安女"封建头、民主肚"相比，蟳埔女服饰恰是"封建肚、民主头"蟳埔女的服饰既不露脐也不落肚，同样延续了汉族传统服饰的立领布纽扣斜襟右衽衣，蟳埔女服装俗称"大裾衫"，早期面料为棉布和苎麻，由于早期印染工艺不发达，服装色彩以青、蓝色为主色，老年妇女黑色为主，这也是海边劳作环境作业耐脏的需要。

（一）大裾衫

清末民初蟳埔女大裾衫的衣长及膝，以后逐渐缩短。斜襟右衽盘扣，门襟有同色布滚边，衣下摆为弧形，传统连身袖，前后中心拼接（图 3-3-3、图 3-3-4）。蟳埔女还曾一度就地取材，流行用荔枝树皮薰汁染成紫红色做上衣（图 3-3-5），反映出民间服饰艺术的特征，还有用一种俗称"薯榔"的块根植物，碾压出赤色

图 3-3-2 现代红色大裾衫

的液汁，将上衣染成黄红的色调，并称为“红衣”和“薯榔衫”（图 3-3-6）。采用纯植物染料物理挤压成汁，加水稀释后，把做好的棉布衣服放进去浸泡、加热再捞出晒干，反复几次，为使颜色更深，光泽更好，还有加猪血或蛋清，据说这样制成的上衣更适合海上劳动，不易被渔网缠住，不怕海水浸泡，耐腐蚀还不易脏，这是早期蟳埔女服装。

图 3-3-3 早期大裾衫正面

图 3-3-4　早期大裾衫背面

图 3-3-5　紫红色大裾衫

薯榔

薯榔汁

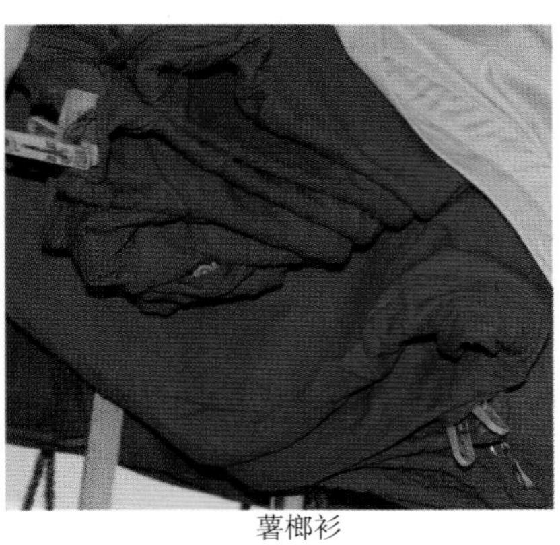

薯榔衫

图 3-3-6　染薯榔衫

20 世纪 30 ～ 40 年代，蟳埔女服装随着时代的发展，衣长也是越来越短，但不同于惠安女的露肚装，长度依然在腰线与臀围之间，基本立领右衽形制没有改变，立领领底线、门襟和下摆弧线滚其他不同颜色的色边，边宽由窄变宽，大约 1.5 厘米宽，黑色上衣滚蓝色布边居多（图 3-3-7、图 3-3-8）。

图 3-3-7　滚边大裾衫正面

图 3-3-8　滚边大裾衫背面

（二）宽腿裤和仗仔

下装是传统的大折宽腿裤，腰围一般和臀围相同，腰头拼接 15 ～ 20 厘米宽的双层布面，颜色一般为黑裤白色腰头、黑裤蓝色腰头（图 3-3-9、图 3-3-10）。三大渔女下装基本裤型相一致，蟳埔女宽腿裤没有大岞惠安女裤装折纹也不同于小岞标准绿裤头。穿着方式与大岞、小岞惠安女相同。在腹部将多余的量对折，用细带系牢。另外，蟳埔女还有一种适合滩涂作业的短裤叫“仗仔”（图 3-3-11），特点是裆部加宽，呈等腰三角形，便于弯腰蹲下作业，面料、色彩随宽腿裤，也有蓝色、白色腰头拼接，这是蟳埔女下装独有的裤型。

图 3-3-10　黑裤蓝色腰头

图 3-3-9　黑裤白色腰头

图 3-3-11　仗仔

（三）腰巾

蟳埔女腰间也系一条黑色长方形腰围巾，与惠安女一样起到防污保暖作用，长 100 厘米左右，宽 35 厘米左右，两头有 2 根带子，用时带子在身后交叉绕身一周再打结，冬季和春季用得较多。腰巾是婚服必备服饰品，现在已经不再使用了。

三、20 世纪 50 年代后蟳埔女服装

（一）上衣

20 世纪 50 年代后，随着政治和经济的变革，蟳埔女服饰也随着时代的发展而不断演变。50 年代初由于“反封建、破四旧”民主改革，要求蟳埔妇女剪长发，不穿大裾衫，改穿对襟衫，20 世纪 50 ～ 60 年代，服装改革反反复复实行过几次，甚至不准不改装的妇女进大食堂吃饭，但大食堂一解散，蟳埔女又纷纷恢复到传统装束。50 年代后服装变化主要体现在面料和色彩上，上装基本结构仍然保持右衽斜襟大裾衫，色彩以素色为主，深、浅不同蓝色，也有米白色系（图 3-3-12 ～图 3-3-15）。70 年代后，各种花纹、格子布竞相上市，成为蟳埔女新的喜爱（图 3-3-16、图 3-3-17），90 年代后流行各种不同色块拼接，如素色与花色拼接，花色与花色拼接，不同面料材质的拼接（图 3-3-18），拼接还有很多讲究，在前后中心线处拼接有左高右低之分（图 3-3-19、图 3-3-20），左边拼接色要比右边高出 2 厘米，当地解释说是缘于男高女低身份地位之说，现在蟳埔女上装色彩鲜艳，面料上除了棉麻，还有各种人造化纤材料可供选择，甚至包括蕾丝等时尚面料，儿童和老年妇女仍喜欢穿各种红色上装（图 3-3-21、图 3-3-22）。

图 3-3-12　蓝色上衣

图 3–3–13　浅蓝色上衣

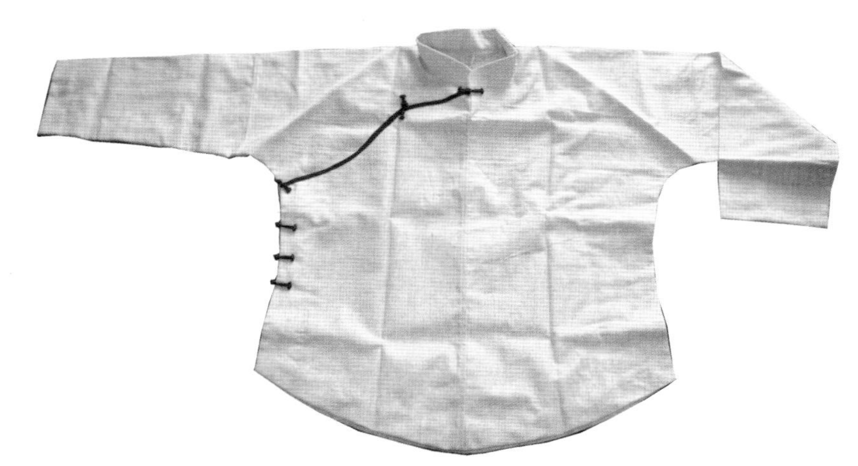

图 3–3–14　米色上衣

图 3–3–15　黑色滚边上衣

图 3-3-16　暗花紫色上衣

图 3-3-17　花色上衣

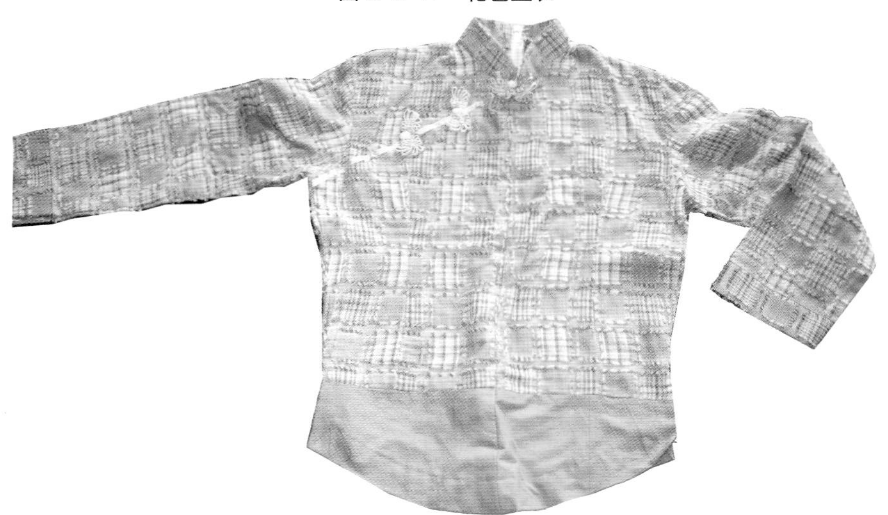

图 3-3-18　格子拼接

图 3-3-19　前片拼接

图 3-3-20　后片拼接

（二）下装

50 年代后下装还继续沿袭旧制宽腿裤，挖海蛎的仗仔也在延续，在白色腰头拼接基础上增加了蓝色拼接、绿色拼接（图 3-3-23、图 3-2-24），面料种类有所增多，各种绸缎、化纤面料替代了以往的棉布（图 3-3-25），但没有像惠安女那样折叠保存而具有装饰的折痕。20 世纪 90 年代，蟳埔女从原先的养蠔业转型为从事海鲜生意，年轻人都被市场上各类西裤、牛仔裤所吸引，黑色宽腿裤基本没人穿了，偶尔看到的也只有老人还在穿，劳动方式的改变影响了宽腿裤的延续。

图 3-3-21　儿童服装

图 3-3-22　粉红上衣

图 3-3-23　绿色腰头

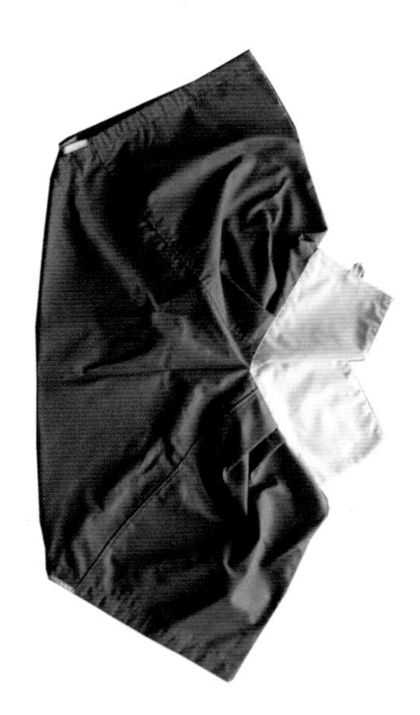

图 3-3-24　蓝色腰头

图 3-3-25　绸缎宽腿裤

四、蟳埔女服饰文化内涵

蟳埔女服饰有着独特的海洋文化民俗特征，蟳埔地处亚热带海洋性气候，年平均气温为 17.2℃～ 20.8℃，各地差异不大，一年四季草木常青，花红柳绿，早期物质贫乏，染色工艺单调，蟳埔女服饰主要以大海的蓝色为主色调，还会就地取材，用荔枝龙眼树汁染色加强服装牢固度，使之耐海水浸泡。蟳埔女常年劳作于赖以生存的大海，以养殖牡蛎（蠔）为主，滩涂养殖是她们主要的传统生计方式，她们常年在海边劳作，每天下海时间达到 5 ～ 6 小时，低下头来捡海蛎，弯下腰来撒渔网，宽腿裤便成了劳动之需，卷起裤腿既不易弄湿裤子，即使打湿了因宽大也易被海风吹干，挑担行走时更是轻松自如。另外还有一个便处就是，由于海滩上无遮无掩，出于保护身体的需要和生产的实践方便，只要挽起一只裤腿，就可“方便”了。蟳埔女的服饰特征已成为区域文化族群的象征，蟳埔女挑卖的海鲜在当地被视为上乘的海鲜，特别是蠔（海蛎）被称为“阿姨蠔”，“阿姨蠔”已成为行货的标志，蟳埔女独特的服饰使顾客很容易便能找到正宗的蟳埔海鲜，她们的这种奇特打扮也就成为一种“标志”，这也是蟳埔女服饰一直保持至今的一个重要原因吧。

第四节　湄洲女服装

湄洲女服装也称为“妈祖服”，相对“妈祖头”要简约朴素得多，汉族传统斜襟大裾衫，红黑相拼宽腿裤，是湄洲女的服饰特征。现在湄洲女基本已经不穿传统服装，改穿红色套装，大红或紫红，而且大红还必须双亲健在方能穿，否则就要穿稍暗点的红，湄洲女一样是穿裤不穿裙。

一、湄洲女服装概述

湄洲女服装相传是妈祖所传，上身是蓝色和红色搭配的斜襟大布衫，下面是红、黑两色拼接的裤子（图 3-4-1）。湄洲女有句服饰民谣：“船帆头、大海衫，红黑裤子保平安”，湄洲女服装最大的特点就是色彩的搭配，海蓝与大红搭配，形成强烈的冷暖对比，再选黑色调和，整体服装具有浓烈的地域民族特色。

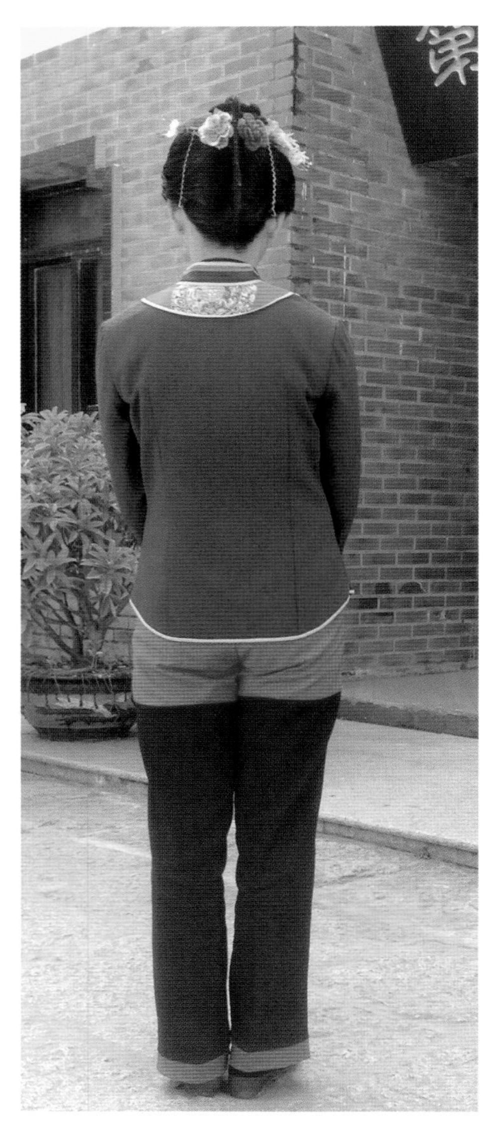

图 3-4-1　大海衫与红黑裤子

二、湄洲女服装

（一）上装——海蓝衫

湄洲女与惠安女和蟳埔女服装基本结构一致，都是右衽斜襟大裾衫，但更加简约，湄洲女早期着海蓝色斜襟衫，没有绣花和滚边，十分简朴。衣长及臀，圆立领领高约 4 厘米，袖长为九分袖，方便干活，袖口稍宽松，没有刺绣、滚边等装饰（图 3-4-2）。

现在湄洲女服装在海蓝衫的基础上，更趋于修身合体。领口、袖口、衣襟及下摆都有不同花色面料拼接、镶滚装饰，拼接方式和面料的种类也是多种多样，装饰重点放在肩部和斜门襟部位。肩部拼接采用红色传统团花纹为多，前片左边下摆与右肩部装饰拼接相呼应，袖口和斜襟拼接样式相同，并滚粉绿色缎面边饰（图 3-4-3 ～图 3-4-6）。

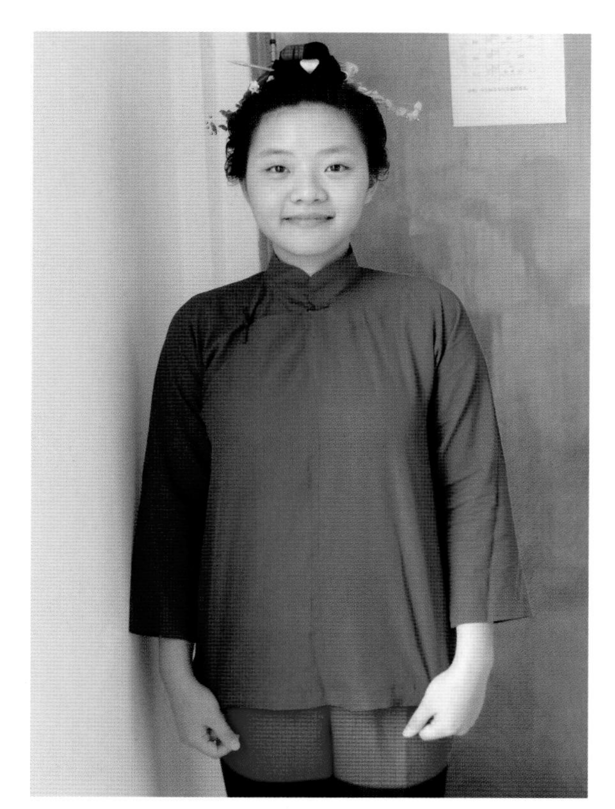

图 3-4-2 海蓝衫

图 3-4-4 拼接滚边衫背面

图 3-4-3 拼接滚边海蓝衫正面

图 3-4-5 各种花纹拼接

（二）下装——红黑裤子

为了便于海边劳作，湄洲女下装和蟳埔女、惠安女一样是裤装，裤子沿袭了传统折腰宽腿裤。传说湄洲女裤子早期不是红黑相拼，而是全红色，蓝色上衣、红色裤子，蓝色代表大海，红色代表火焰，由于红色在色相中最为

图 3-4-6　不同款式海蓝衫

饱和的色系，妈祖穿着红色的裤子救难于蓝色的大海上，像灯塔一样照亮渔民们的航行，红色也是中国传统的吉祥色，寓意吉祥、美好和平安。后来传说妈祖红裤裤腿部分由于经常被海水打湿，远看是黑色，湄洲女便效仿妈祖，采用黑红两色拼接，同时也是纪念妈祖，祈福妈祖保佑平安的寓意（图 3-4-7）。

随着时代的发展，湄洲女裤装从宽腿裤演变成现代直筒裤造型，腰部松紧带代替了先前的大折，臀围合体，裤脚边又加了一道红边装饰，拼成三截，俗称“红黑三截裤”（图 3-4-8、图 3-4-9）。

图 3-4-7　早期红黑拼裤子

图 3-4-9　红黑三截裤（二）

图 3-4-8　红黑三截裤（一）

三大渔女服饰配件

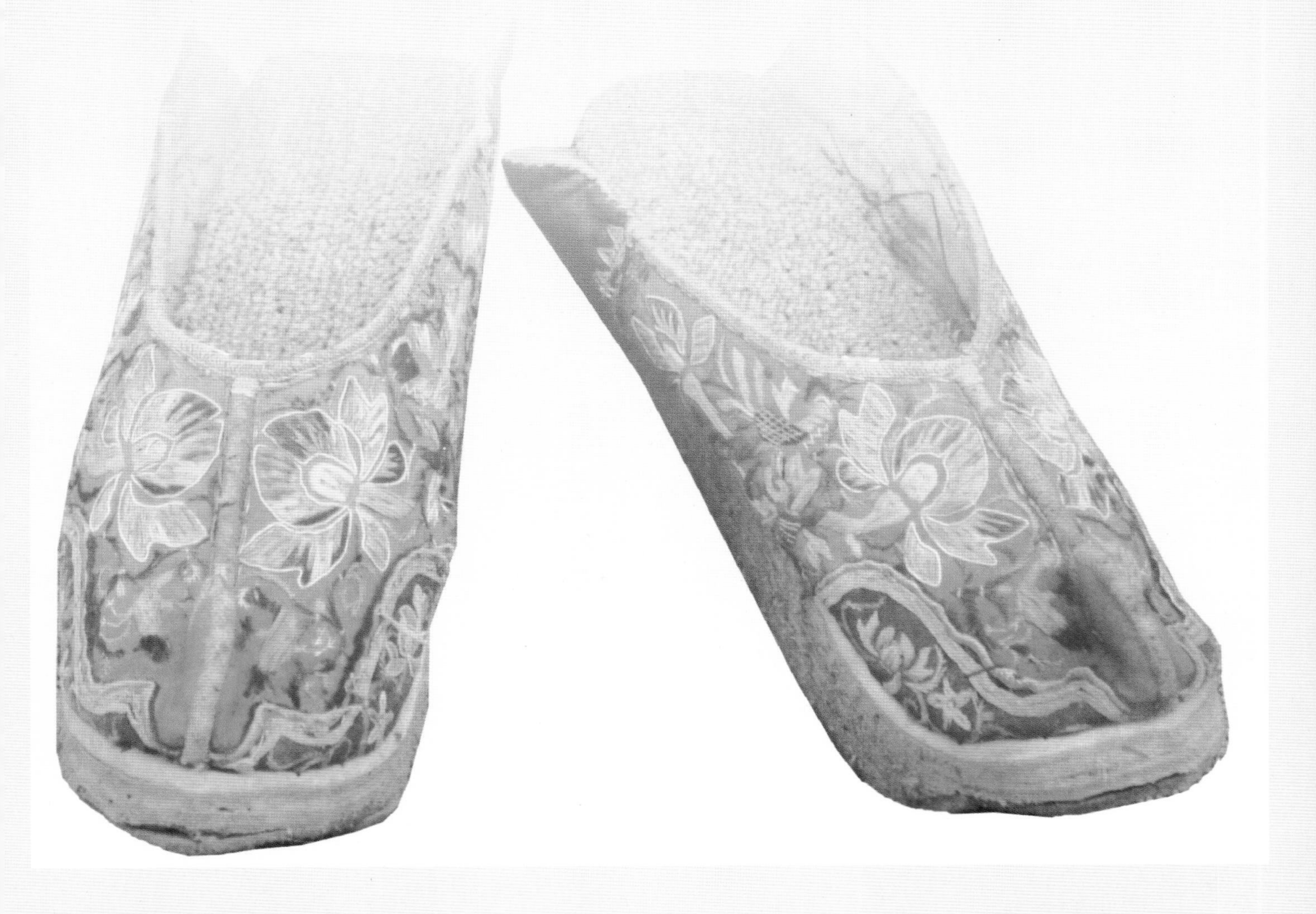

三大渔女服饰配件与头饰、服装一样各具特色，特别是惠安女闪耀在腰间的银腰链，早期盛装物品的褡裢，还有新娘的厚底刺绣踏轿鞋，蟳埔女具有辈分标志的丁勾耳环，湄洲女耳环加锚链式耳链，无不蕴含着浓郁的地域文化特色。

第一节　三大渔女首饰配件

一、惠安女首饰配件

惠安女日常佩戴的首饰有耳环、项链、戒指、手镯和手表。由于当地有包头巾、戴斗笠的习俗，耳环和项链没有机会外露，但她们还是要佩戴耳环和项链，只是不作为重点装饰物，耳环就是一个简单的小环，项链也是普通的金项链，不具备地域特色。首饰配件主要体现在手镯和戒指上。金银饰品一直被惠安女所喜爱，她们把金银制作成金梳、银梳和各种金银钗装饰在头上，惠安女首饰一直延续金戒指、银手镯的搭配，这也是惠安女订婚必备之物。

（一）戒指

1. 崇武、山霞惠安女戒指

崇武、山霞妇女戒指分两种类型，一种是黄金加嵌玉、宝石等，一般是中青年妇女所戴（图 4-1-1、图 4-1-2），与其他地区形制基本一致，没有什么特别，另一种是不加嵌的黄金戒指，但镌刻各种纹样，如镌姓名、福、寿、888 等吉祥字样，植物花卉也是她们的喜好。（图 4-1-3 ～图 4-1-6），一般是老年妇女所戴。惠安女戒指都是成双成对，双手都要戴上戒指，寓意着好事成双。

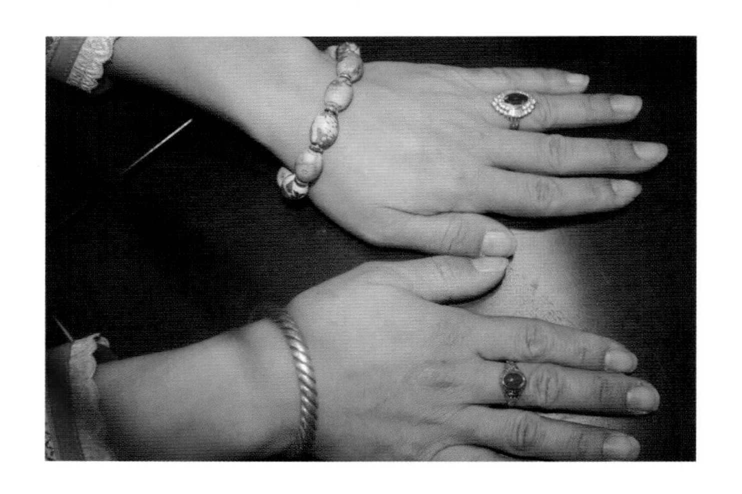

图 4-1-1　加嵌黄金戒指

图 4-1-2　绿宝石黄金戒

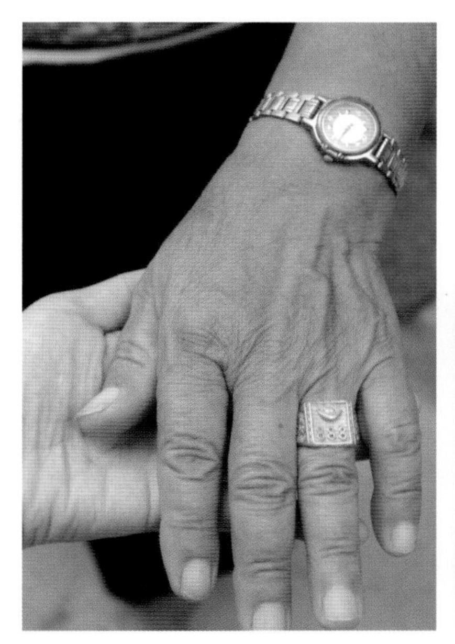

图 4-1-3　镌 888 字样戒指

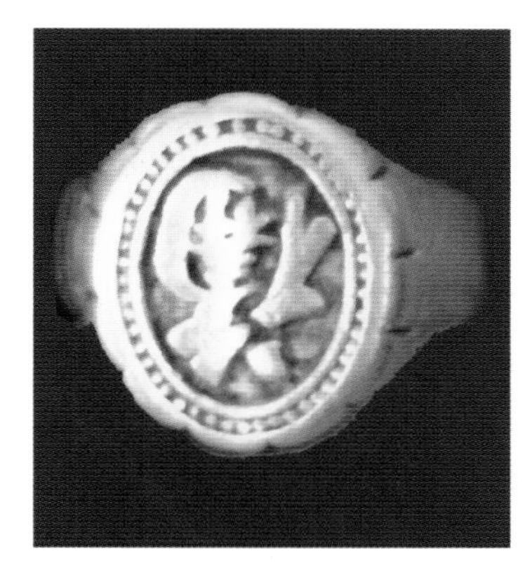

图 4-1-4　福字戒

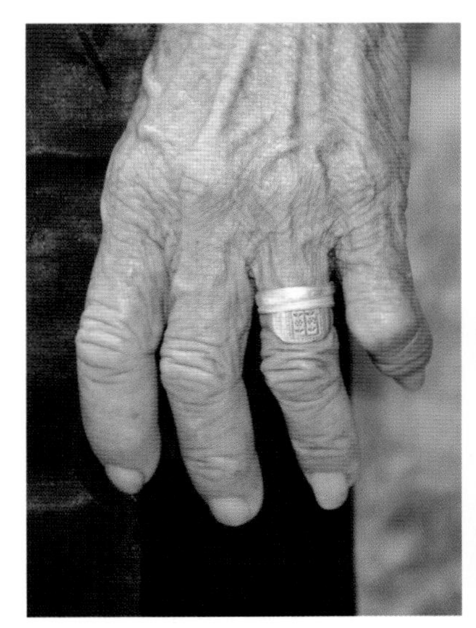

图 4-1-5　植物花戒

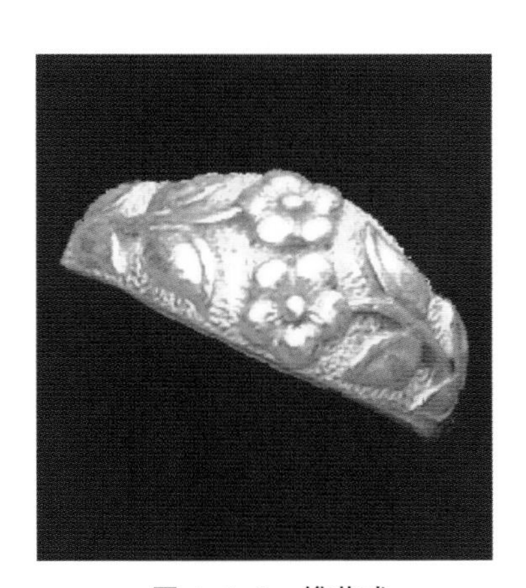

图 4-1-6　镌花戒

2. 小岞、净峰惠安女戒指

小岞、净峰惠安女的戒指特征是方形、宽大，黄金戒指镌“财”字较多（图 4-1-7、图 4-1-8），配上其他花纹戒指，合在一起读音“花财”通“发财”。小岞、净峰惠安女定亲的时候，男方要送两个戒指，结婚的时候再送两个戒指（图 4-1-9、图 4-1-10），金戒指在惠东地区还兼具礼品的功用，结婚喜事亲戚朋友也是喜欢送戒指作为礼物，新娘往往十指都戴满戒指。着实富丽。现在年轻惠安女与时俱进，镶宝石、钻石的黄金戒指也比比皆是，只有老年妇女还继续延续传统的装饰。

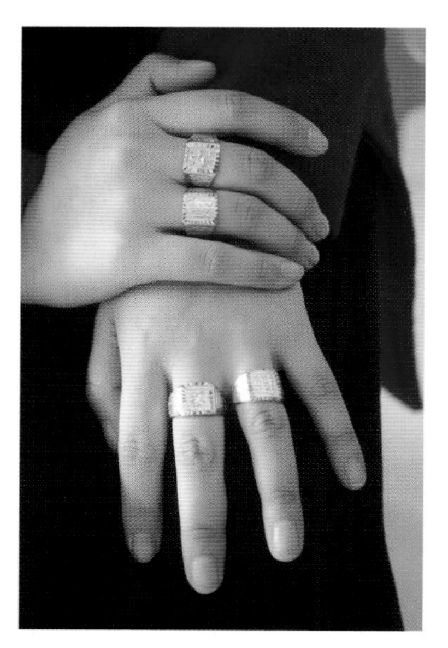

图 4-1-9　“花财”组合

图 4-1-7　“财”戒指

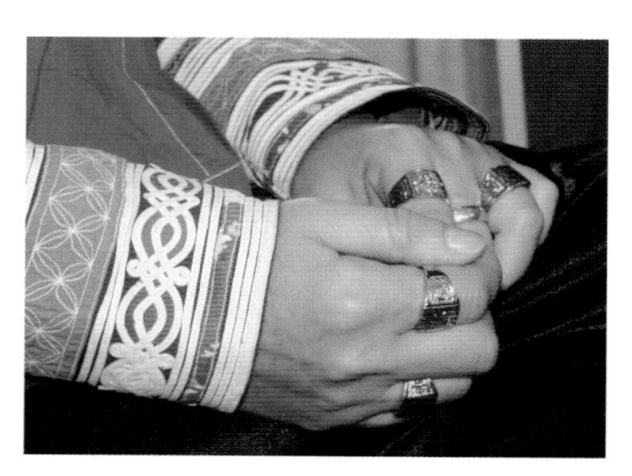

图 4-1-10　小岞惠安女戴的戒指

图 4-1-8　“花”“财”戒指

（二）手镯、手表

1. 崇武、山霞惠安女手镯、手表

惠安女金银手镯是必备的，纯金的手镯有扁环和索环（图 4-1-11、图 4-1-12），也有黄金链带（图 4-1-13），银手镯主要银绞丝式手镯（图 4-1-14、图 4-1-15），金手镯同时还有一个保护套防止损坏。

图 4-1-11　扁环镯

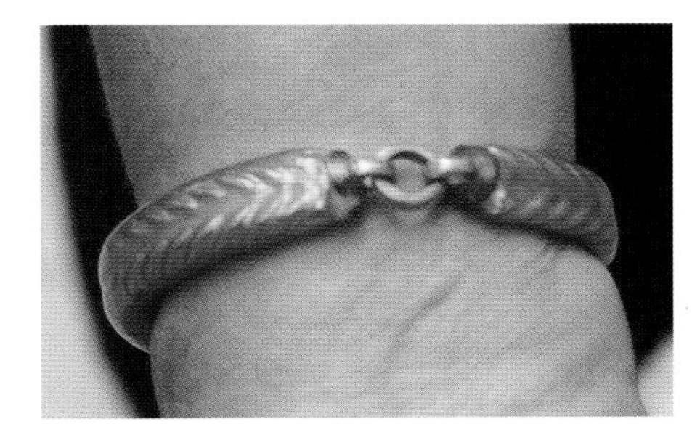

图 4-1-12　索环镯

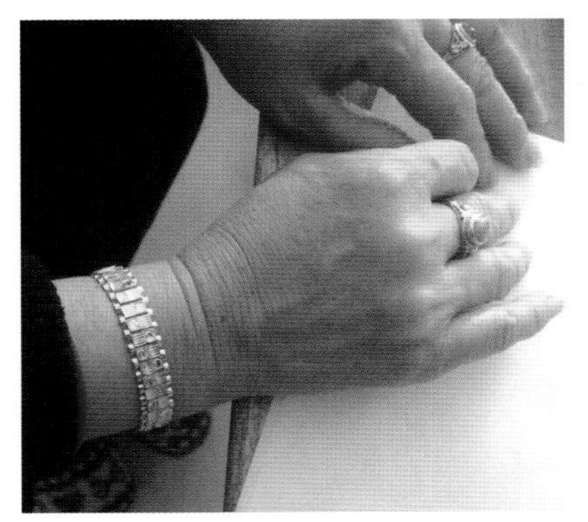

图 4-1-13　黄金链带

图 4-1-14　银绞丝式手镯（一）

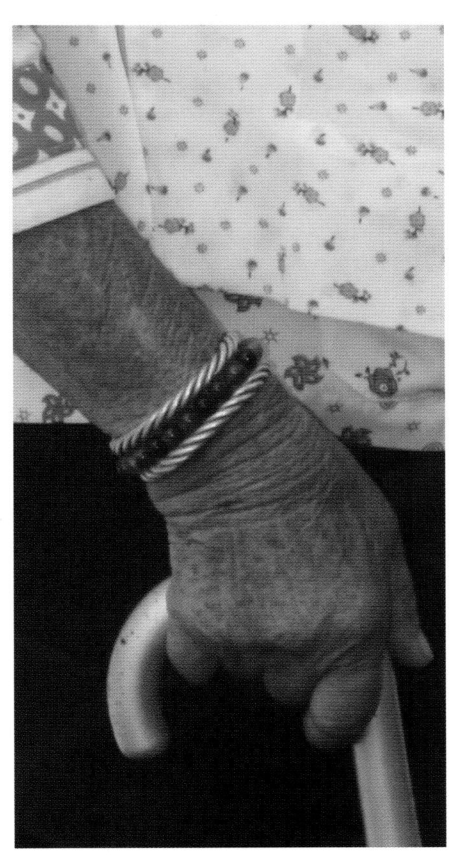

图 4-1-15　银绞丝式手镯（二）

崇武、山霞惠安女手腕装饰不仅有手镯，而且还有手表，手表成为惠安女手腕装饰一部分，特别是中老年惠安女，无论是否看得清楚，人手一块手表。手表在20世纪70年代，是结婚必需的彩礼，在农村，彩礼包括呢子大衣、布料、皮鞋和手表，城里人则要求“三转一响”——自行车、缝纫机、手表和半导体收音机。当时手表作为大件的彩礼之一，一直成为惠安女财富的象征（图4-1-16、图4-1-17）。崇武、山霞惠安女手腕装饰还有一个以多为美的装饰特征，左、右手腕都要戴上饰品，而且3～5种不同种类的手镯、手链，有的会更多（图4-1-18），手表是必戴的，但不会仅戴一只表，往往看到一个手腕同时佩戴了金镯、银镯、时尚珠链，与手表相搭配（图4-1-19）。

图4-1-16　手表与手镯共同成为装饰

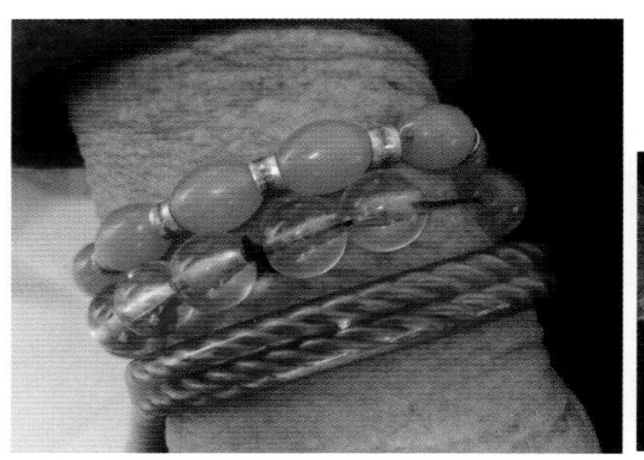

图4-1-18　左、右手腕满戴

图4-1-17　手表与手链

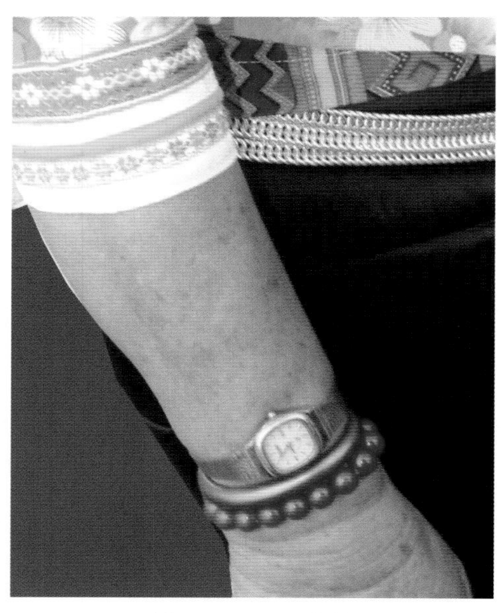

图4-1-19　组合戴

图 4-1-27　大岞耳环

图 4-1-28　老年珠链菩萨坠

2. 小岞、净峰耳链、项链

现代小岞、净峰惠安女包头巾，对耳链和项链也没有特别的重视，老年惠安女还有沿袭旧制的耳链与项链。小岞、净峰传统耳链具有浓郁的地方民族特色（图 4-1-29、图 4-1-30）。红、黄、蓝、绿各种彩色细珠，串成若干条，作为耳链的主体，末梢叶片形状垂到肩上，现在还有老人佩戴（图 4-1-31），也有相对应的金属叶片耳坠装饰（图 4-1-32）。由于惠安女服装是斜襟右衽，智慧的惠安女将项链直接戴在衣领外面，作为领饰，当地俗称“领髓”，领饰材质也是以银质为主，有 7 条细银链组成，两端镌镂空花，左、右各垂一条带心形坠的细链，也有吊坠是方形和圆形（图 4-1-33 ～图 4-1-35），现在只有老人节日盛装时才佩戴，现代小岞惠安女直接戴黄金项链（图 4-1-36、图 4-1-37）。

图 4-1-29　彩色串珠耳链

图 4-1-30　彩色串珠耳链、钱币项链

图 4-1-32　叶形耳坠

图 4-1-31　戴彩色耳链老人

图 4-1-33　领饰

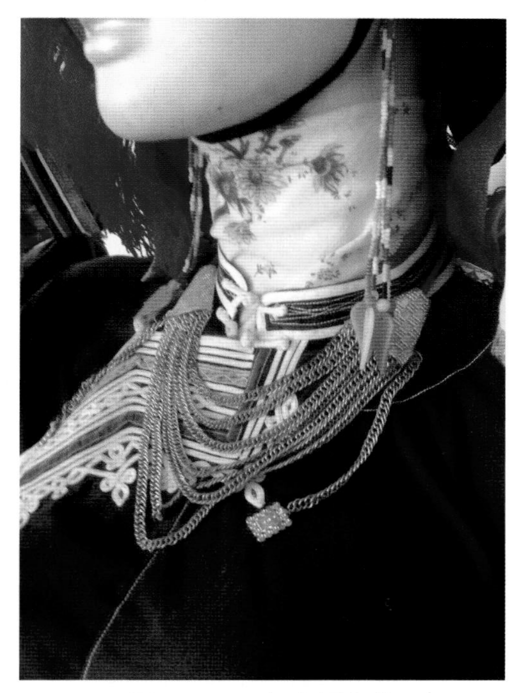
图 4-1-34　方形吊坠领饰

图 4-1-36　现代惠安女项链

图 4-1-35　圆形吊坠领饰

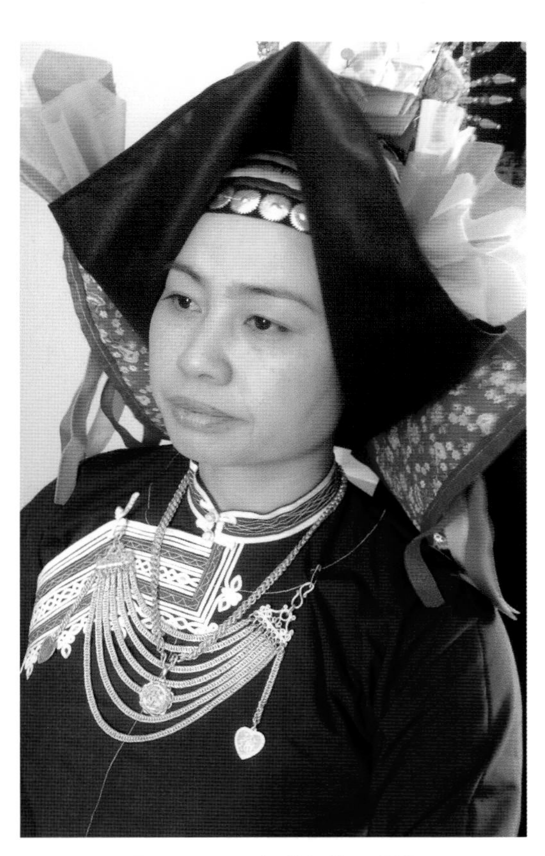
图 4-1-37　佩戴领饰、项链

二、蟳埔女首饰配件

蟳埔女金银首饰配件，主要体现在头饰中各种金簪、金钗和金梳。蟳埔女耳环别具一格，戒指、项链和手镯与其他地区基本一致。

（一）耳环

蟳埔女最具特色的是具有身份和年龄标志的耳环，蟳埔女头上簪花围没有老少之分，耳环却很有讲究，清一色的丁勾耳环，酷似问号“?”（图 4-1-38、图 4-1-39），有人说像精明的蟳埔女卖海鲜用的秤钩，也有人说像鱼钩。蟳埔女的耳环和耳坠不仅是美丽的装饰物，还具有身份的标志。未婚的女孩子只戴耳环而不加耳坠，结婚后戴上丁勾耳环（图 4-1-40、图 4-1-41），开始加坠，做奶奶后就改戴“老妈丁香”坠（图 4-1-42 ～图 4-1-45），不同造型的耳环成了区分蟳埔女辈分的重要标志。现在年轻蟳埔女已不再遵循传统的习俗，各式耳环都有佩戴。

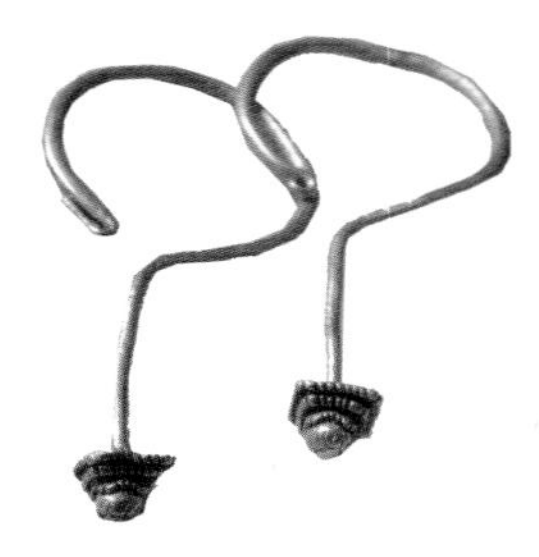

图 4-1-38　丁勾耳环

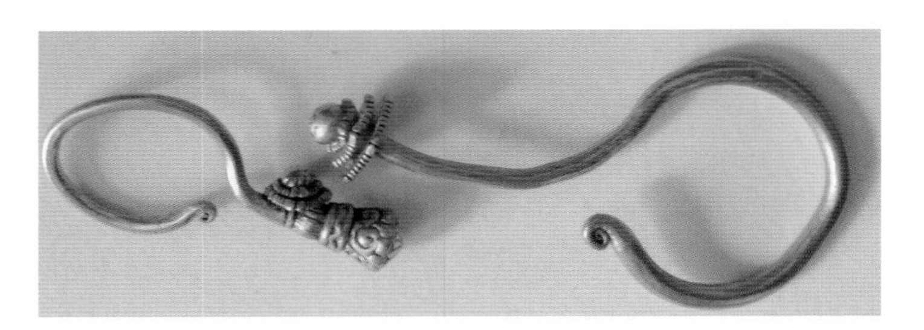

图 4-1-39　中年、老年耳环

图 4-1-40　丁勾耳环（一）

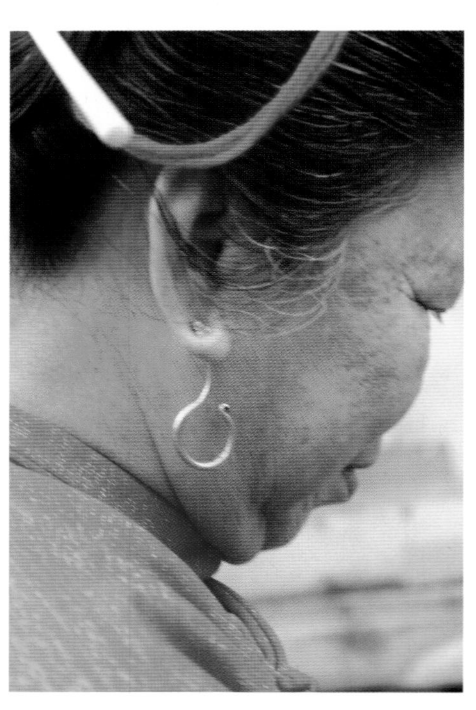

图 4-1-41　丁勾耳环（二）

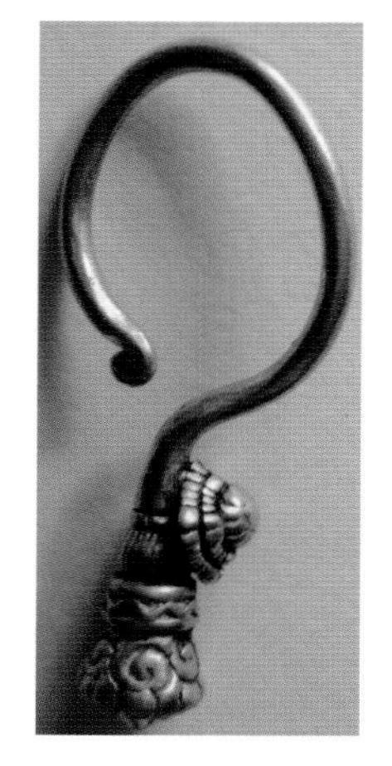

图 4-1-42　老妈丁香坠（一）

图 4-1-43　老妈丁香坠（二）

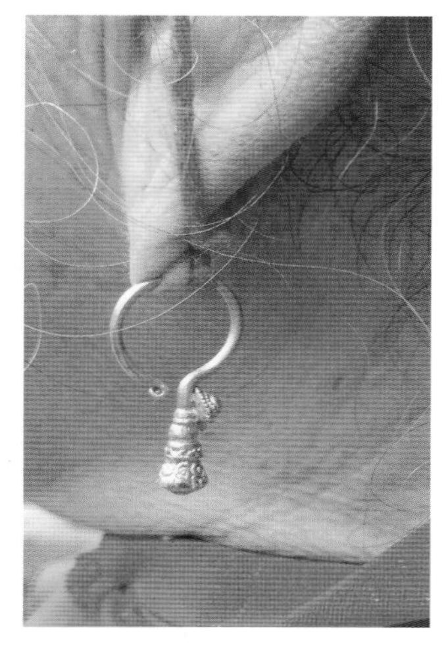

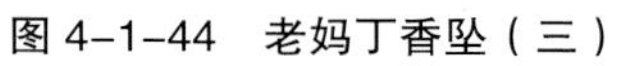

图 4-1-44　老妈丁香坠（三）

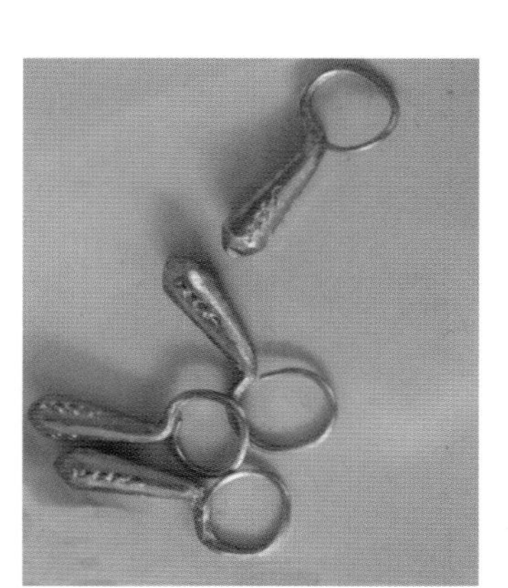

图 4-1-45　老妈丁香坠（四）

（二）戒指、手镯和项链

蟳埔女戒指、手镯和项链没有耳环那样具有特色，戒指是以金银为主要材质，形状以光圈和方形镌吉祥字为主，与惠安女类似数量也是以多为美，能戴上的都要戴上（图4-1-46、图4-1-47）。手镯包括各种珠链、金银手环和手链等（图4-1-48），项链与其他地区基本一致。

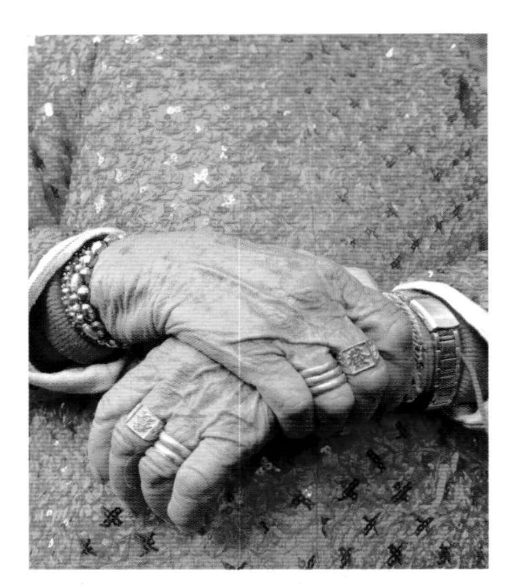

图4-1-46　方形镌字戒指

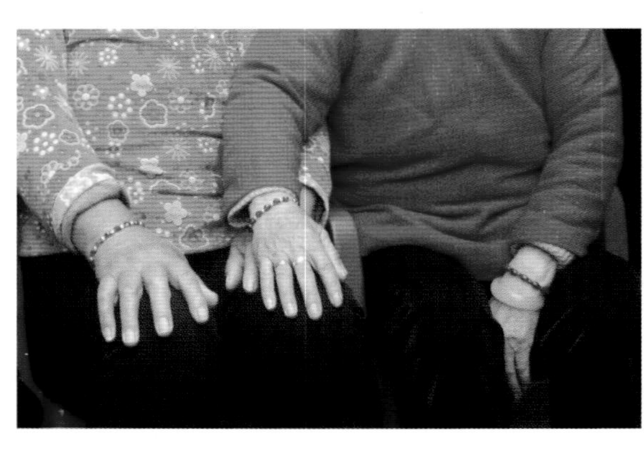

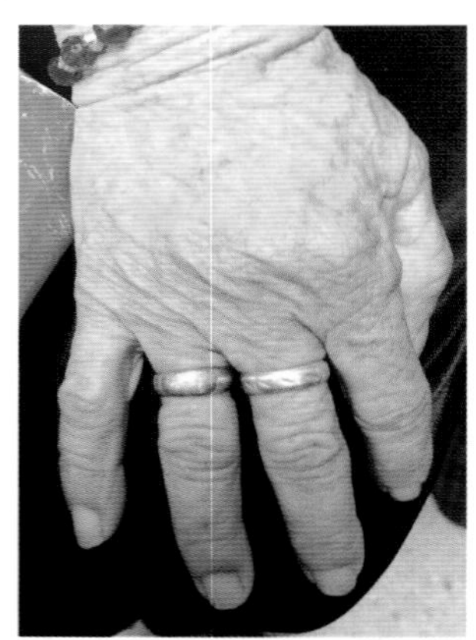

图4-1-47　光圈金银戒指

图4-1-48　金手镯

三、湄洲女首饰配件

湄洲女同其他渔女一样，金银饰品主要体现在发饰上。戒指、项链和手镯与惠安女、蟳埔女都有相似之处，也有戴手表的习俗，金戒指一般镌吉祥文字、银戒指镌植物花朵装饰；手镯有类似小岞惠安女的“五股花”旋转绞丝银镯（图4-1-49），也有银圆镯和银镌花纹扁镯（图4-1-50）。湄洲女耳环通常也是一个小小的金耳环，盛装时有增加一个造型类似船锚的多条链耳环（图4-1-51、图4-1-52）。

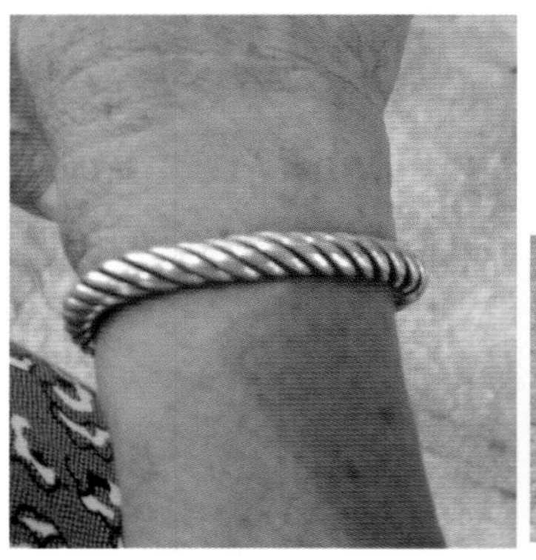

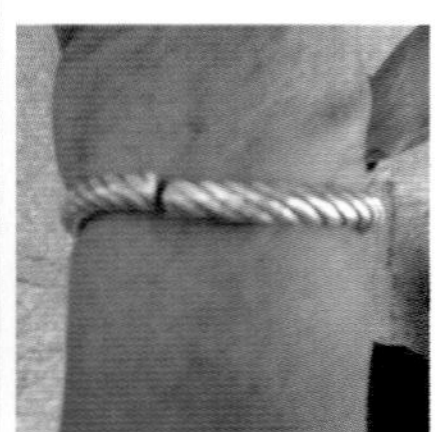

图4-1-49　绞丝转花手镯

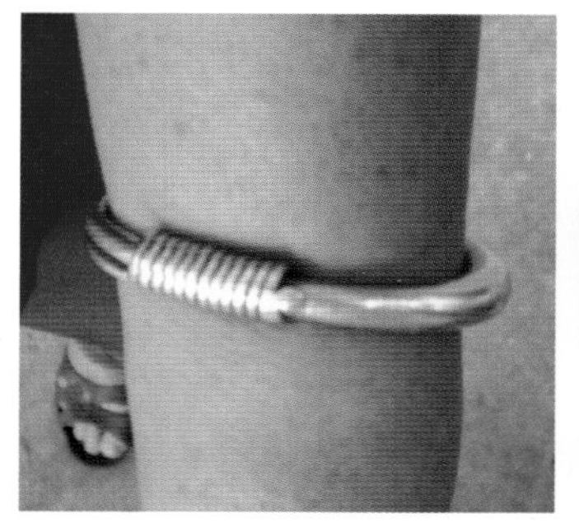
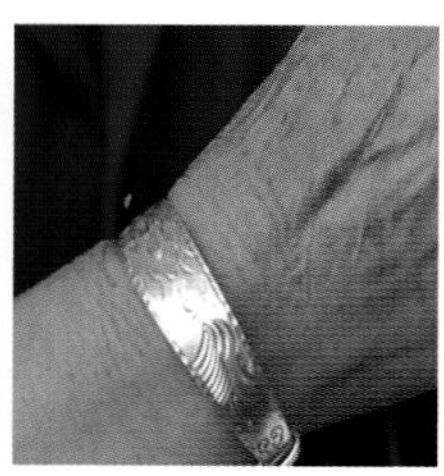

图 4-1-50　圆镯、龙凤花纹扁镯

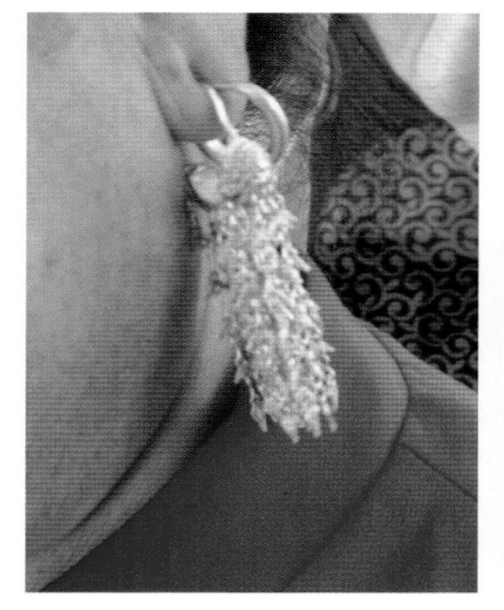
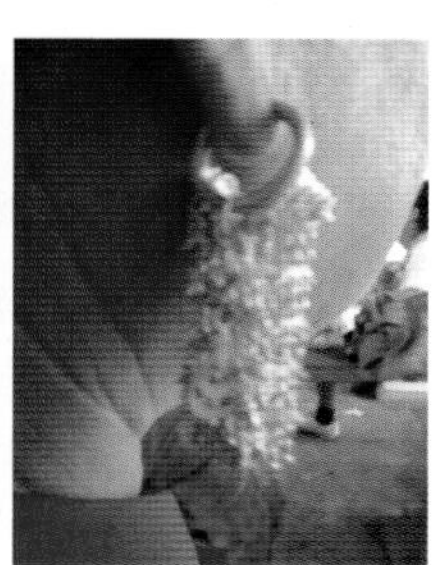

图 4-1-51　链式耳环

图 4-1-52　锚链式耳环

第二节　服装配件

三大渔女除服装、头饰被世人瞩目外，惠安女服装配件最具特色的是银腰链，还有独特的包袋褡裢和小竹篮，新娘穿的千层厚底绣花鞋，同样引人注目，惠安女服装配件集优雅与古朴为一体，蟳埔女和湄洲女服装配件相对较少。

一、崇武、山霞惠安女服装配件

（一）腰带

随着“缀做衫”逐渐缩短，腰部装饰被提到首位，腰带是惠安女服饰配件的重要组成，同时也最具特色，主要分为刺绣、编织和银饰三大类。

1. 编织与刺绣腰带

编织与刺绣腰带是惠安女腰饰的重要组成部分，也是穿宽腿大折裤的必备饰品，未婚妇女只能佩戴编织与刺绣的腰带，银腰链只限于已婚妇女佩戴，编织腰带主要采用彩色塑料丝、采用不同方法编织而成，早期色彩选用红、绿搭配（图 4-2-1、图 4-2-2），后期演变成多色编织，总体色调艳丽，编织花纹以菱形纹、折线纹为主（图 4-2-3、图 4-2-4）。

刺绣腰带早期采用的材料是毛线刺绣，现在扩展到十字绣、珠绣等，纹样多以菱形纹样、花卉、蝴蝶纹为主，色彩以红、绿、黄为主色调，采用高纯度、高明度的色彩组合，跳跃在黑色的宽腿裤上，具有浓郁的民族风格特色，惠安女所绣得纹样没有花谱，聪明的惠安女通过她们灵巧的双手表达对大自然的热爱，在她们心中先描绘好美丽的图案，想到哪里就绣到哪里，这些色彩斑斓的纹样以及各种流行材料的运用，充分表达了惠安女独特的审美和智慧（图 4-2-5 ～图 4-2-9）。

图 4-2-1　早期彩色塑料丝编织腰带

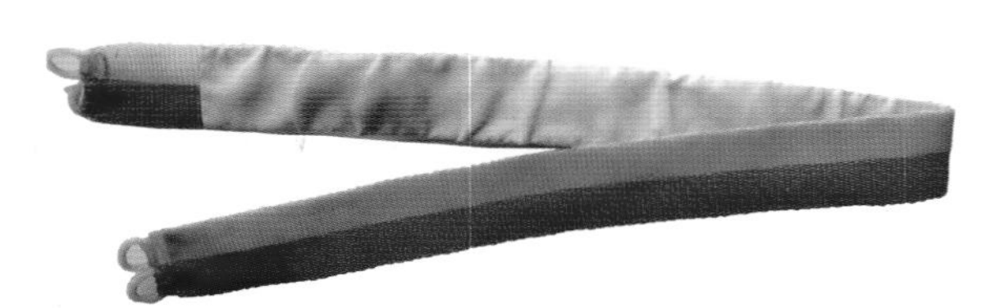

图 4-2-2　早期塑料编织腰带

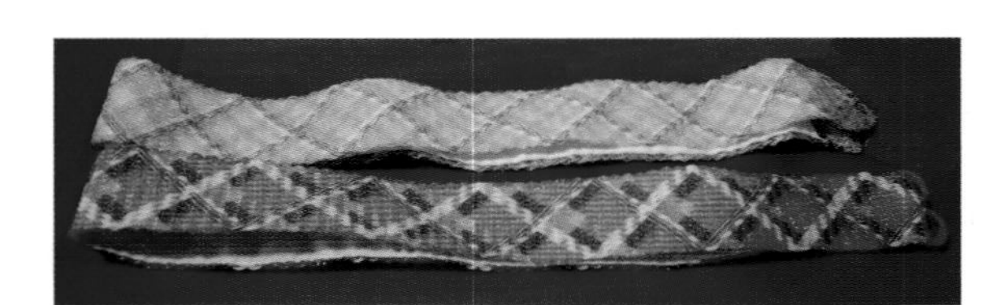

图 4-2-3　现代塑料编织腰带

图 4-2-4　折纹彩色塑料腰带

图 4-2-5　早期毛线绣腰带

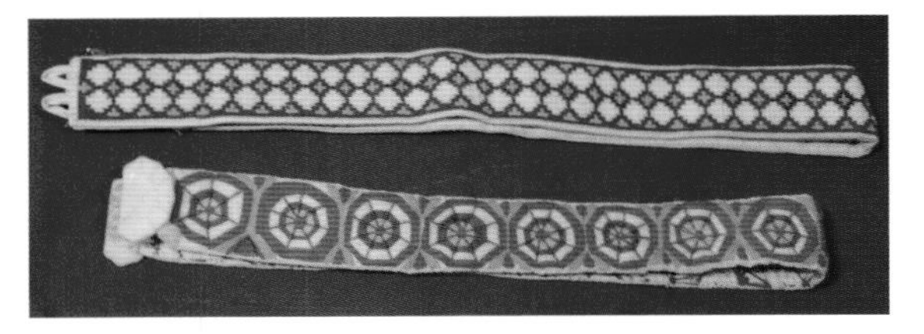

图 4-2-6　各种纹样毛线绣腰带

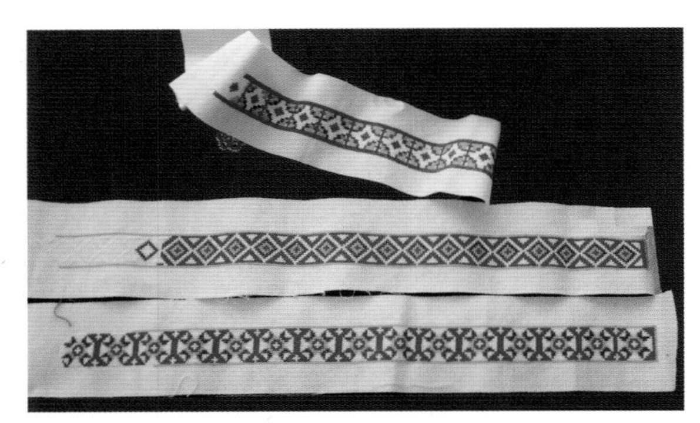

图 4-2-7　十字绣腰带

图 4-2-8　现代流行花朵纹珠绣腰带

图 4-2-9　蝴蝶纹珠绣腰带

2．银腰链

银腰链和惠安女“上头”一样，是已婚的标志，结婚当天开始佩戴。（图 4-2-10、图 4-2-11）银腰链是男方订婚的彩礼，银腰链股数多少、重量多少，代表着男方家的富裕程度和对女方的重视。银腰链不是由来已久，20 世纪 30 年代后才开始流行银裤链，最初它是男人的腰带，相传惠安在南部设置渔场，基地设在厦门港，看到那里渔民扎银腰链，于是赚钱扎了一条带回惠安。[1]50 年代后，男人穿中山装，银裤链成为女人的专用，由原来的一股逐渐增加到多股，一般是 5 ～ 8 股，多达有 10 股。

崇武、山霞与小岞、净峰惠安女的银腰链有所不同，以大岞惠安女银腰链为例，它是由多股索状银链组合而成，通过 2 个 S 形银钩钩在后腰臀处，自由垂落，但银腰链不是单独挂在腰上，而是先挂在编织或刺绣的腰带上，再组合搭配在腰上（图 4-2-12、图 4-2-13）。银腰链由于多股重达 3 斤左右，中间要有银牌支撑（图 4-2-14），才能保持腰链围起来顺畅，银腰链前面看起来排列整齐，腰链两头是三角形银牌周边钻孔，为了固定银索链，周边钻多个圆形小孔三角形银链头正、背面刻上一些“新春快乐”“劳动光荣”等字样（图 4-2-15），也有镌刻一些花草。从后面看，一条跃出的银色链接了上、下腰链（图 4-2-16），银腰链靠近腰链头中间还有一个根据不同时期胖瘦来调节腰带围度的三角形挂片（图 4-2-17），形状如船上锚链一样的银腰链，寄托了惠安女对讨海亲人们的无限思念和祝福。

（二）褡裢、竹篮

褡裢俗称“插么”，是新中国成立以前惠安女装物品的一种长方形的口袋，长度有 1 米左右，宽 25 厘米左右，一般用蓝布缝制，中间相拼两种其他颜色，有绿色配黑色（图 4-2-18、图 4-2-19），黑色配浅紫色（图 4-2-20），并刺绣上简单的二方连续纹样，四角有同色或不同颜色的流苏穗装饰，褡裢中间开口，两头装东西，由于惠安女上装、下装都没有口袋，褡裢盛装一些物件，功能相当于现代的手提包，提的时候手拿住中间部位，或者搭在雨伞上，挂在臂弯处，是早期回娘家和回夫家必备之物，后期被黄色小竹篮所替代。

图 4-2-10　七股银腰链

[1] 萧春雷，曲利民．嫁给大海的女人 [M]. 福州：海潮摄影艺术出版社，2003：70.

图 4-2-11　佩戴效果

图 4-2-14　腰带间连接

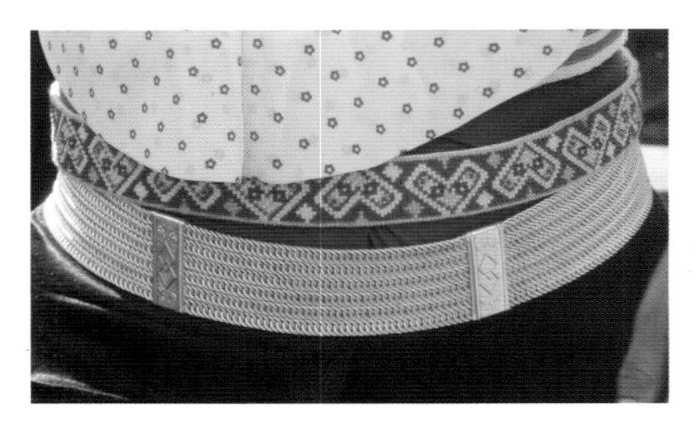

图 4-2-12　银腰链前面效果

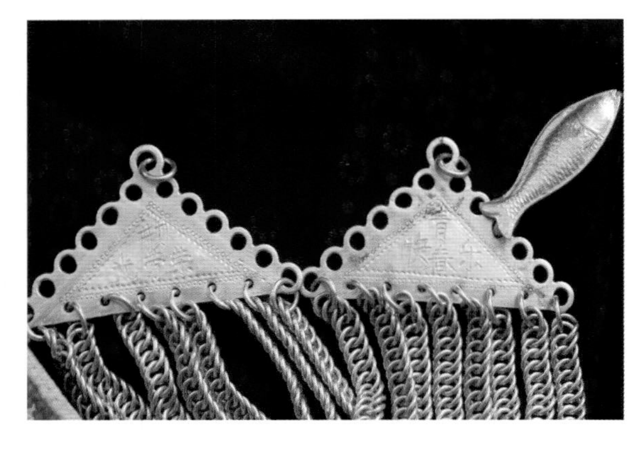

图 4-2-13　银腰链后面效果

图 4-2-15　镌字三角形腰链头

图 4–2–16　镌花鱼形腰链头

图 4–2–17　调节腰带松紧的三角牌

图 4–2–18　褡裢

图 4–2–19　展开的褡裢

图 4-2-20　蓝紫色褡裢

50 年代后小竹篮取代了褡裢，小竹篮漆成黄色，与黄斗笠同色（图 4-2-21、图 4-2-22），并为同一时代的配饰品。小竹篮圆形平底，篮口直径 24 厘米，篮底 16 厘米，高 12 厘米，竹篮配有同色篮盖，手提的篮子把手用彩色塑料丝隔段绑牢，一是为了避免竹篾磨手，二是也起到装饰作用。惠安女回娘家或者回夫家，都要挎上这个黄竹篮，装上自己的随身物品，竹篮随同斗笠一起成为惠安女标志性的服饰配件。

图 4-2-21　竹篮与斗笠同色

图 4-2-22　小竹篮

（三）踏轿鞋

早期物质贫乏，惠安女常年光脚行走在海边，现在还能看到提着鞋子赶路的老年妇女。不论春夏秋冬，惠安女都是一双塑料拖鞋，冬天穿上红袜子，再穿塑料拖鞋，即使是喜庆节日，同样也是一双拖鞋，惠安女还曾青睐各种颜色的短靴或高筒全胶雨鞋。

惠安女最具特色的鞋子是结婚时穿的一种绣花鞋，称为“踏轿鞋”（图 4-2-23），缘于新娘上轿时，猛踢轿门，又称“踢轿鞋”以示以后在夫家能立足地位，“踏轿鞋”确切地说是一种绣花拖鞋，鞋底用油布叠纳 5 厘米左右厚度，在红色鞋面上刺绣各种纹样，有花

图 4-2-23　踏轿鞋

卉、喜鹊登梅、鸳鸯戏水等美好寓意的纹样，以红色、蓝色为主色上绣蓝紫色纹样，鞋头用黑色拼接一个鸡冠形弧线，鞋头造型也似鸡冠，所以又被称为“鸡公鞋”，惠安女结婚当天和头三天都要穿，以后喜庆的日子才能穿，最后到死时穿着入殓（图 4-2-24、图 4-2-25）。

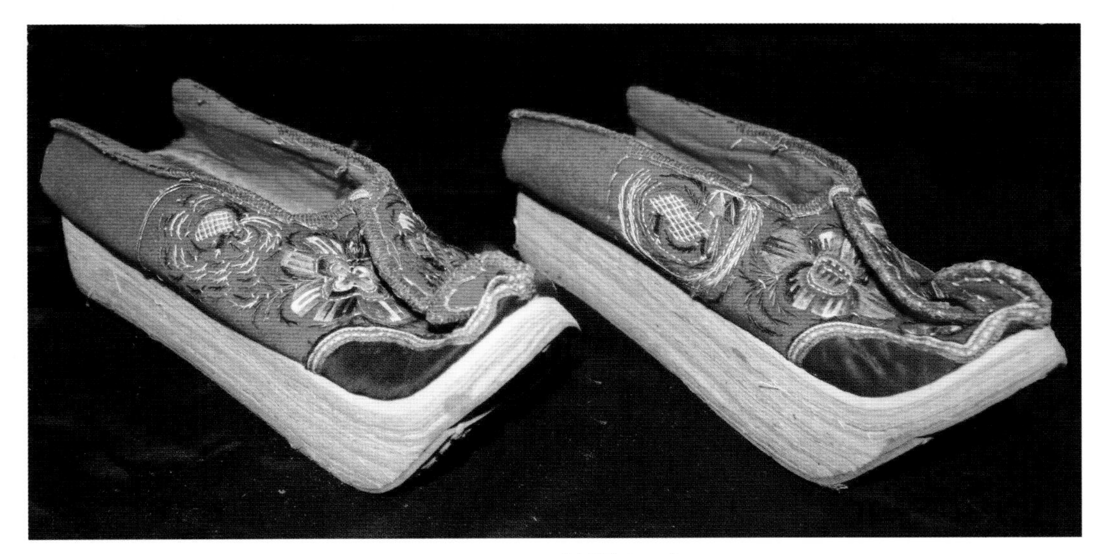

图 4-2-24　踏轿鞋（一）

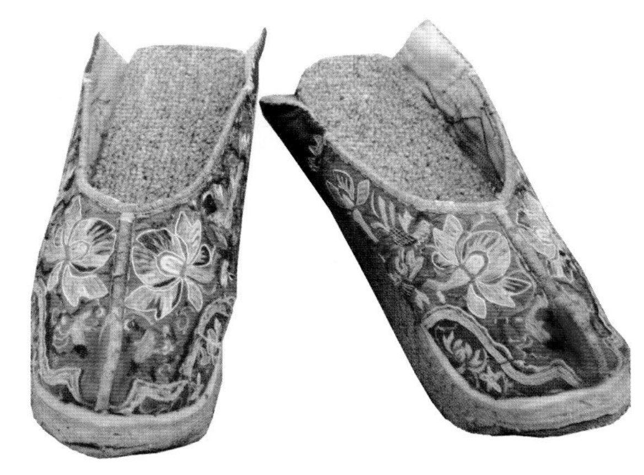

图 4-2-25　踏轿鞋（二）

（四）绣花手帕

惠安女服装在节约衫腋下装饰一个绣花手帕，增添举手投足时隐约的风情。彩帕一般以白色或黄色棉布为底，用红绿彩色毛线刺绣各种不同花卉纹样（图 4-2-26、图 4-2-27），穿着时用别针别在内衣腋下，彩帕从节约衫的侧缝开衩处露出，具有不同的层次韵味（图 4-2-28）。

图 4-2-26　黄底红花彩帕

图 4-2-27　白底绣花彩帕

图 4-2-28 手帕位置

二、小岞、净峰惠安女服装配件

小岞、净峰与崇武、山霞惠安女服装配件，大致趋于一致，只是细节有所区别。小岞没有像大岞刺绣的腰带品种那么多，银腰链头和系挂的方式也与大岞不一样。褡裢与竹篮基本一致，色彩和装饰细节略有不同，小岞、净峰妇女为了劳动时保护肩部服装的磨损，多了一个肩膀贴的配件，崇武、山霞惠安女没有此配件。

（一）腰带

小岞、净峰惠安女腰带同样是在上衣逐渐缩短的前提下产生的，同时为了展露腰带，上衣越来越短，腰带和上衣的长度是在相互影响下共同演变的。

1. 塑料腰带

塑料腰带是由多股彩色塑料丝编织而成，工艺属于惠安女自创，复杂但精细，色彩以红色、绿色为主色调，纹样是以不同色彩构成的几何纹样，以菱形纹和折纹为多，长度依据腰围自定，在编好的腰带背面缝上里布，用塑料扣固定。（图 4-2-29 ～图 4-2-31）。

图 4-2-29 小岞塑料腰带

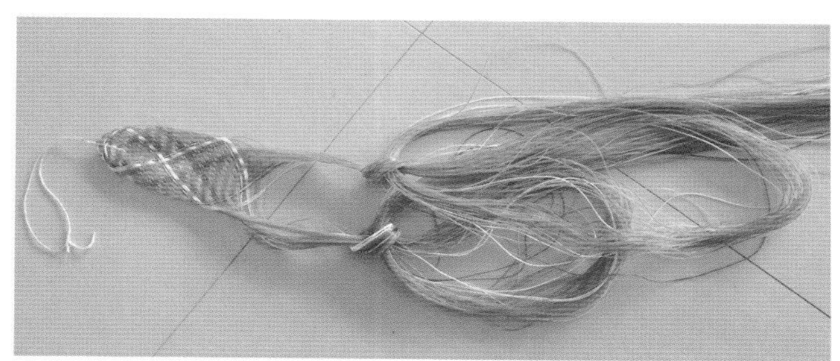

图 4-2-30　编织中塑料腰带

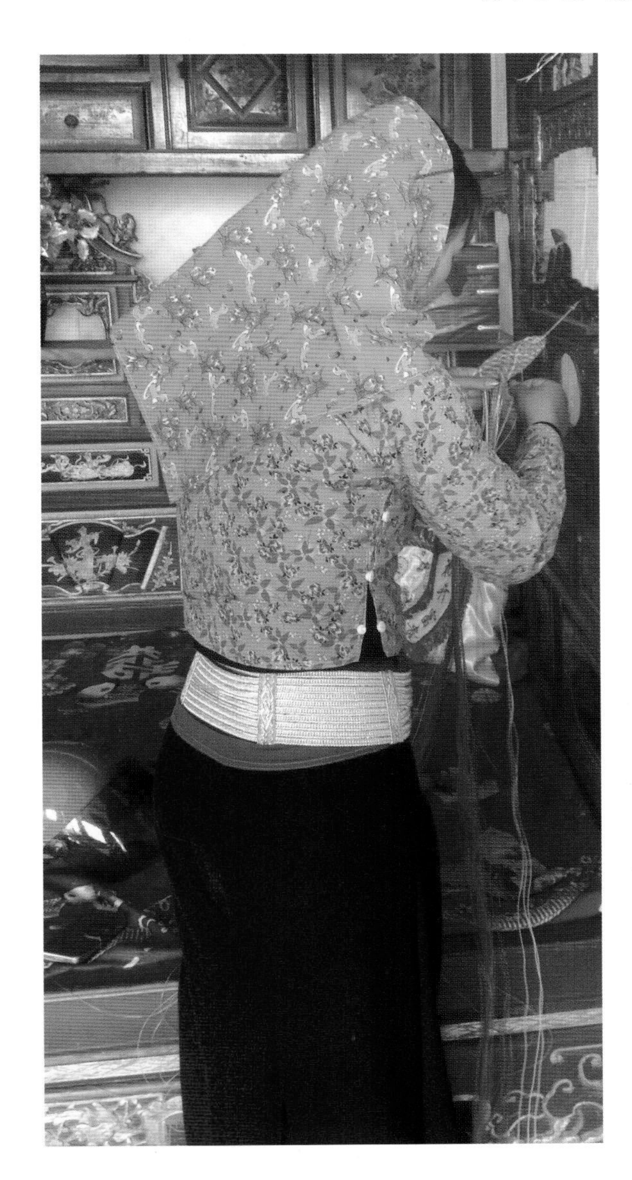

图 4-2-31　正在编织塑料腰带

2．银腰带

小岞银腰链与大岞结构相同，都是一环套一环的锚链结构，也是已婚妇女的标志，婚后才能佩戴，20世纪30年代腰链为男人所专用，后来妇女效仿，50年代后成为妇女的专用，最早是一股银腰链，并附链穗斜挂在腰间自然下垂（图4-2-32、图4-2-33）。随着经济发展，流行越演越烈，银腰链股数不断增加，多达10股（图4-2-34、图4-2-35），小岞腰链扣合方式不同于大岞银腰链斜挂于后臀处，而是直接扣合在腰部正前方，银链头呈方形，并设有类似斧钺一样的缺口，中央镌麒麟纹（图4-2-36、图4-2-37），赋予浓厚的民间吉祥寓意。银腰链是财富的象征，平时干活只系塑料腰带或刺绣腰带。

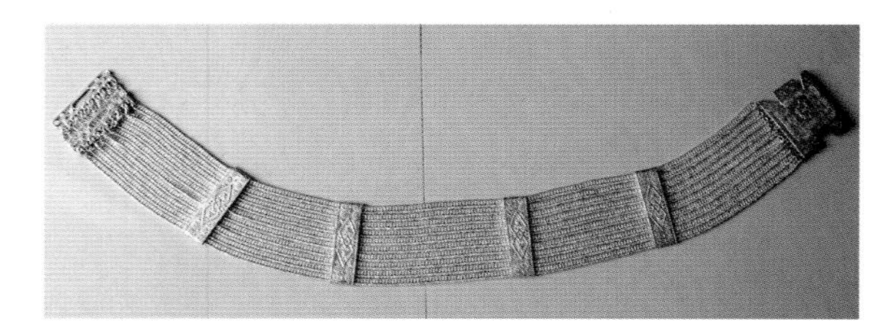

图4-2-34　十股银腰链

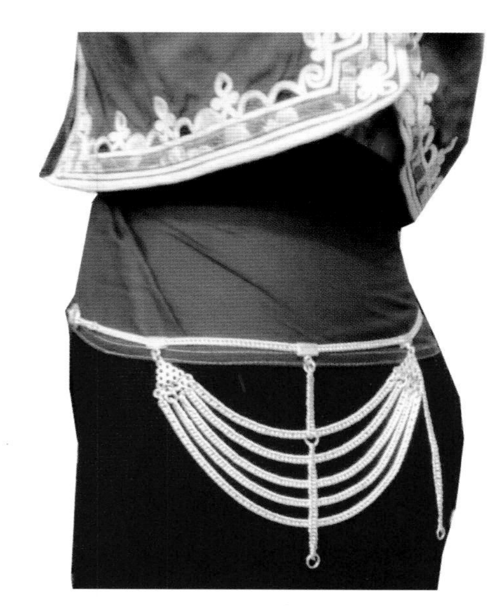

图4-2-33　一股银腰链（二）

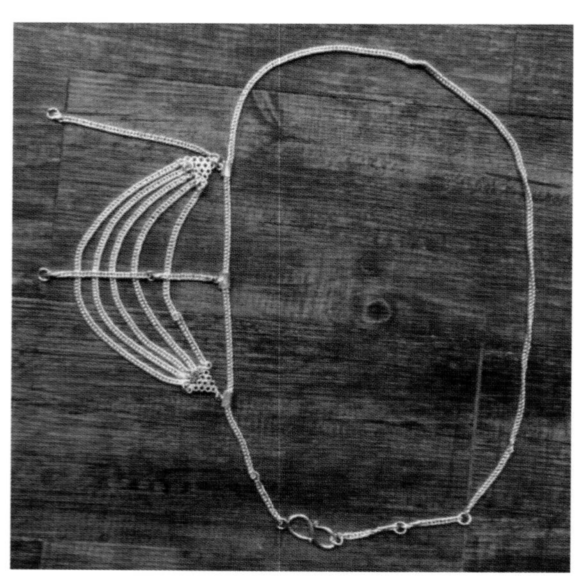

图4-2-32　一股银腰链（一）

图4-2-35　佩戴腰链

图 4-2-36　九股银腰链

图 4-2-37　银腰链头

（二）褡裢

20 世纪 50 年代以前小岞、山霞惠安女和大岞、山霞惠安女一样，回娘家和回夫家都要提着一条褡裢，小岞、净峰称为“塞尾”，长约 1 米，宽约 25 厘米的长方形布袋，早期采用不同色彩面料的三角形布头拼接，后期是黑色、绿色拼接，不同于大岞的三色拼接，绿色面料选用绿米长制成，中间拼接黑色长条，从褡裢中间开口，开口长约占褡裢的三分之一，沿开口滚边并装饰，小岞褡裢没有绣花，四角配不同色绒线流苏（图 4-2-38 ～图 4-2-40）。50 年代后褡裢被小竹篮替代，竹篮造型与大岞基本相同，但图案丰富一些（图 4-2-41、图 4-2-42）。

（三）踏轿鞋

清末民初，小岞、净峰惠安女结婚同样穿踏轿鞋，用红呢布制成绣花拖鞋，也称“呢鞋”。鞋面绣精致花鸟图案，鞋头上翘似凤冠，又称“凤冠鞋”（图 4-2-43、图 4-2-44）。鞋头上翘的部分比大岞鸡公鞋上翘幅度要大，尖端绣凤冠状花瓣，两旁各绣一只彩凤，鞋底也是用废布重叠钉成 5 厘米左右，周边涂上白

图 4-2-38　褡裢开口处

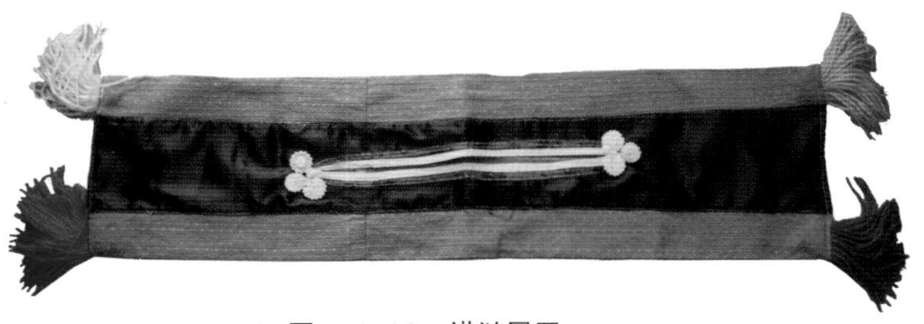

图 4-2-39　褡裢展开

图 4-2-40　不同时代褡裢

图 4-2-41　黄竹篮

图 4-2-42　带盖黄竹篮

图 4-2-43　凤冠鞋（一）

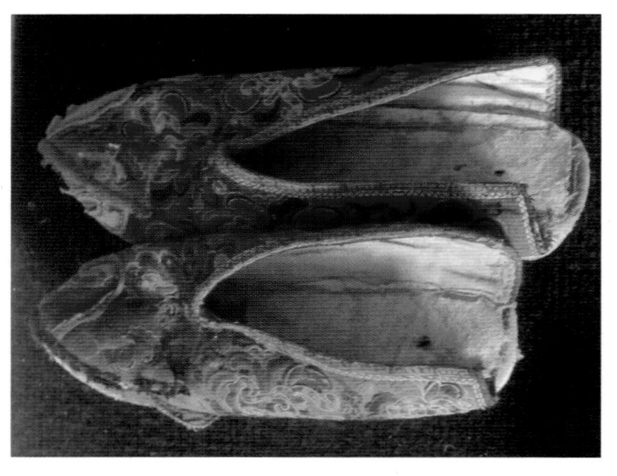

图 4-2-44　凤冠鞋（二）

色涂料。“呢鞋”是惠安女出嫁前自己精心绣制的，婚后回夫家和节日喜庆时穿着，平时大都光脚或穿拖鞋。20 世纪 30 ～ 40 年代，凤冠鞋已经不用了，高底踏轿鞋改成绣花拖鞋(图 4-2-45 ～图 4-2-46)，现在小岞惠安女和大岞基本都一致，穿塑料拖鞋、胶鞋，小岞惠安女结婚穿健康鞋，确切说是“健康牌”黑皮鞋（图 4-2-47、图 4-2-48）。

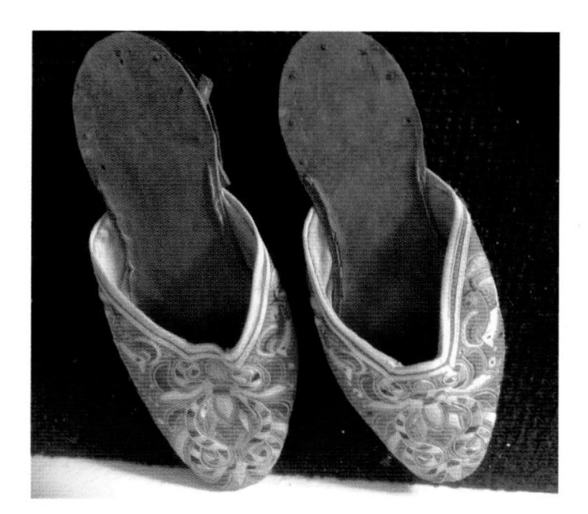

图 4-2-45　绣花踏轿拖鞋（一）

图 4-2-46　绣花踏轿拖鞋（二）

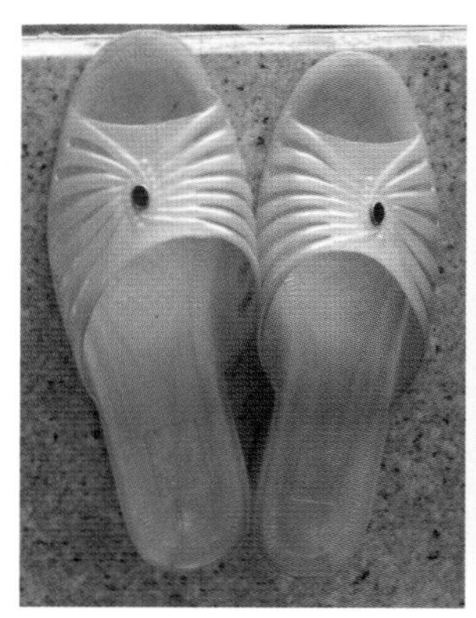

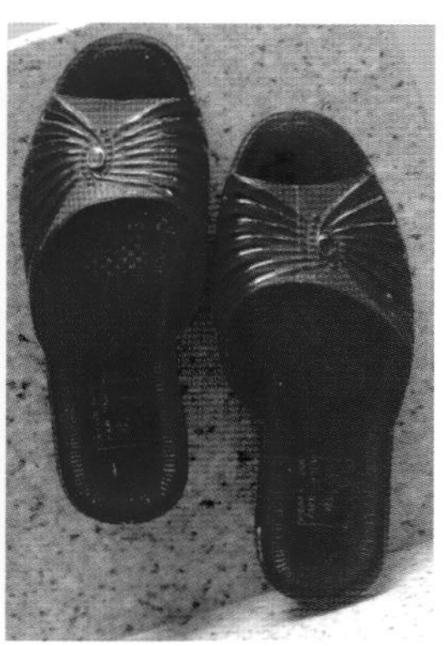

图 4-2-47　日常凉拖

图 4-2-48　结婚穿健康牌皮鞋

（四）肩膀贴

“肩膀贴”是小岞惠安女在劳动过程中，发明的兼具实用性与艺术性的服装配件。早期惠安男人都要出海打鱼，岸上的活基本都是惠安女全包，包括各种挑扛等体力活，在那个物质贫乏的时代，惠安女为了减小上衣肩部的磨损，就发明了肩膀贴。肩膀贴直接穿在外衣外面由多层旧布外面蒙上一层花布制成，缝纫机缉出规律的线迹，这样既牢固耐磨，同时也不失美感（图 4-2-49 ～图 4-2-51）。

（五）五彩手帕

五彩手帕是小岞、净峰惠安女上装腋下的装饰物，举手投足之间的灵动，随风飘动如彩蝶飞舞，这与小岞惠安女服饰源于蝴蝶图腾有着不解的渊源。五彩手帕有五色，而且这五色的顺序都不能弄错，黄色垫底然后玫红、草绿、大红，最表面是花朵纹样。固定方法是正方形

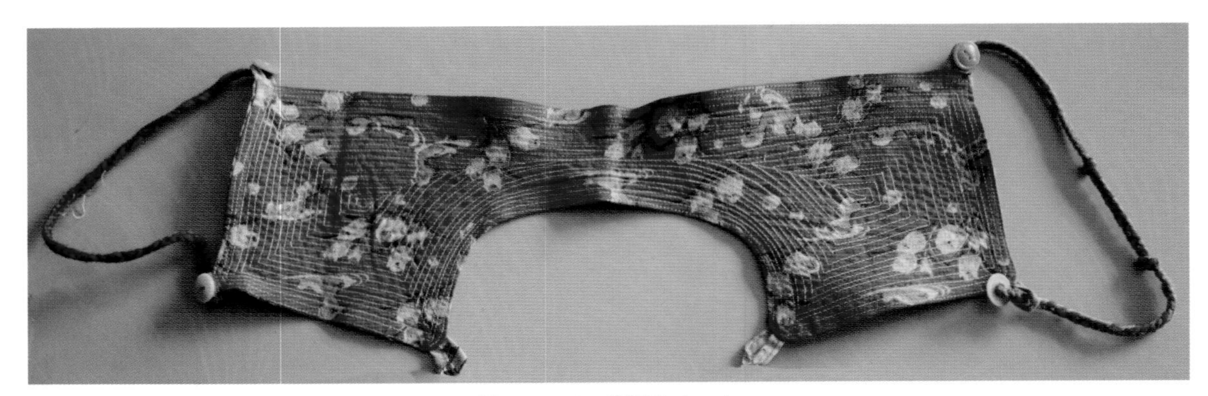

图 4-2-49　肩膀贴（一）

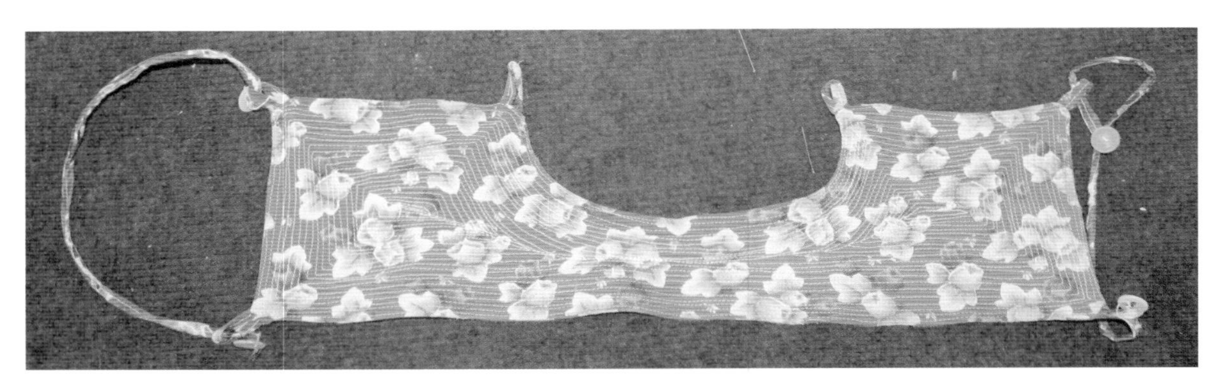

图 4-2-50　肩膀贴（二）

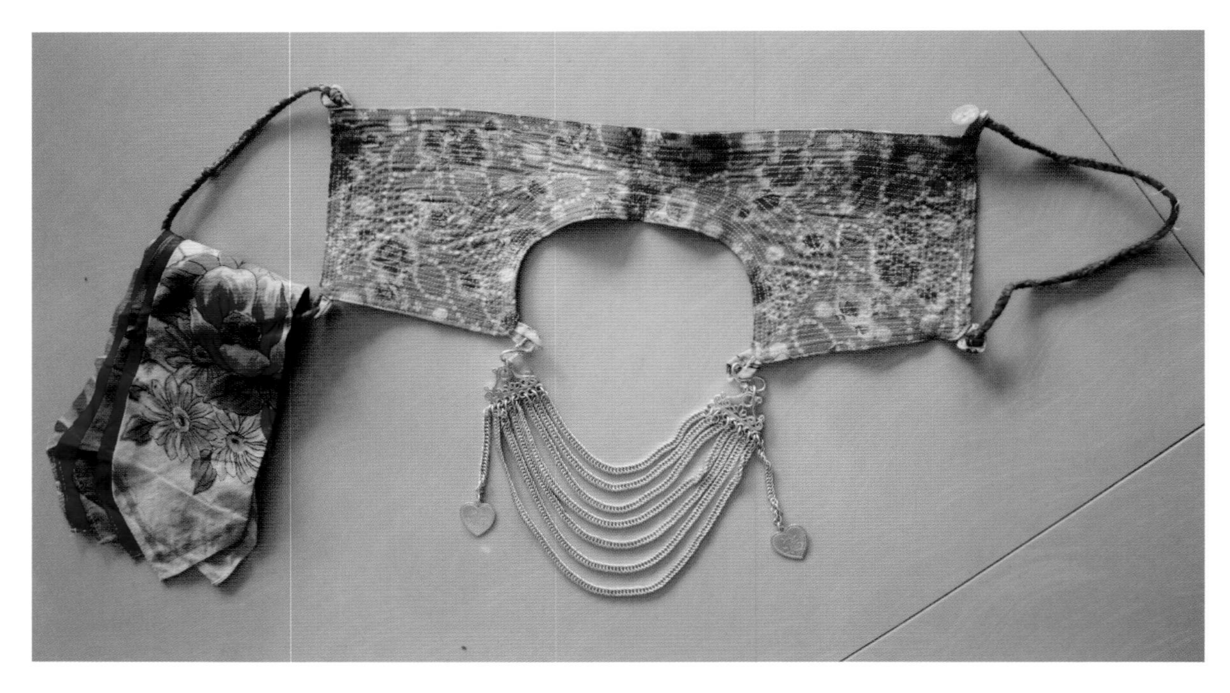

图 4-2-51　肩膀贴挂领链和五彩帕

手帕先按对角线的一半的一半对折，五种颜色安排好后，稍微错开用线固定，便于展露其他四色，早期是棉布，后来是纺绸面料，是盛装必备的配件（图 4-2-52 ～图 4-2-55）。

图 4-2-52　五彩手帕（一）

图 4-2-53　五彩手帕（二）

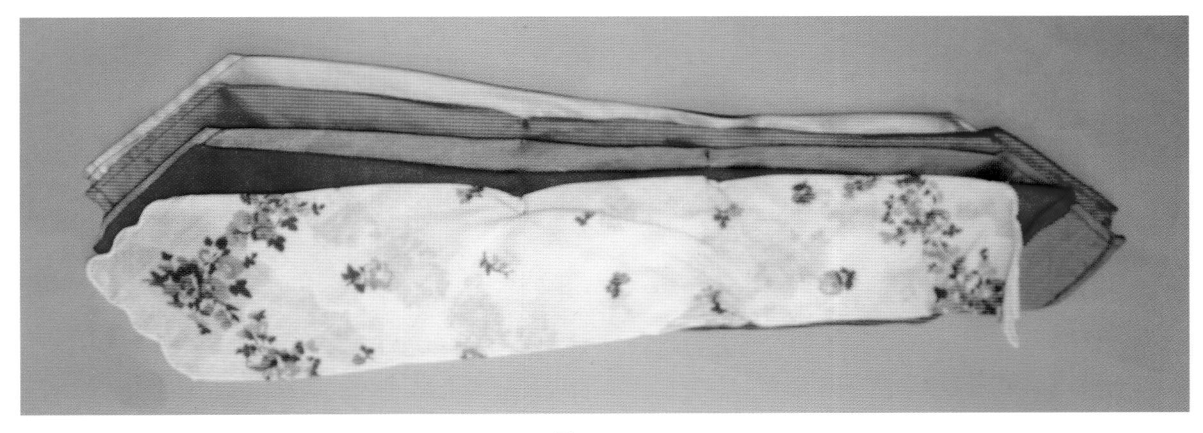

图 4-2-54

图 4-2-54　五彩手帕（三）

图 4-2-55　五彩帕位置

三、蟳埔女服装配件

蟳埔女服装配件很少，其中红色的小钱包别具一格，装饰与实用兼具。早期是花色布钱包，后来演变成塑料小钱包，一直流行到现在，塑料钱包有一个最大的优势是防水、防潮（图 4-2-56 ～图 4-2-60）。钱包用棉带系在腰侧或后腰，既可以当裤子腰带，又固定了钱包。精明的蟳埔阿姨腰上别的十分醒目的鲜红色塑料小钱包，彰显着她们对红色一如既往的偏爱，成为蟳埔村独特的一道风景。

三大渔女服饰配件，从首饰配件到服装配件，各具特色。三大渔女都崇尚金银首饰、特别是各种金银梳，是惠安女与蟳埔女共同喜爱

图 4-2-56　早期布钱包（一）

图 4-2-57　早期布钱包（二）

图 4-2-59　塑料红钱包（一）

图 4-2-58　塑料钱包

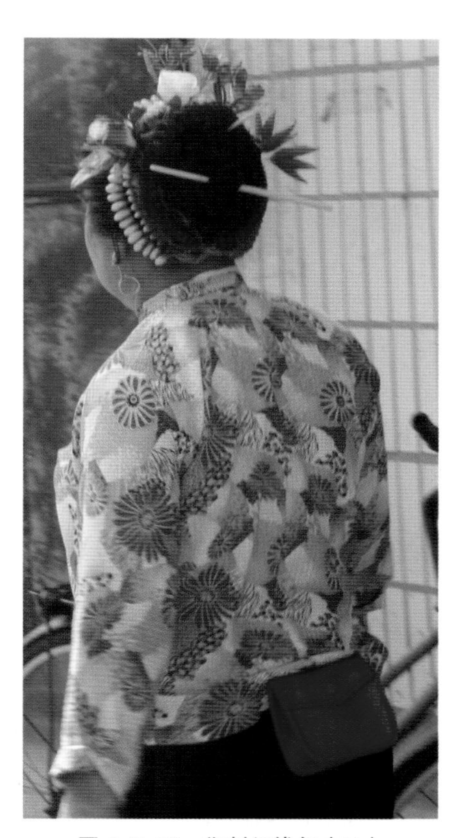

图 4-2-60　塑料红钱包（二）

的头饰。她们把大量金银饰品戴在头上，“重头不重脚”是三大渔女共同的装饰特征，惠安女独特的褡裢与小竹篮，蟳埔女红色小钱包，不同地域形成不同的审美标准，十里不同风，百里不同俗，是三大渔女不同服饰特点的真实写照。

三大渔女服饰色彩与纹样

福建三大渔女服饰色彩具有独特的地域特色，不同的地域特征孕育着不同的服饰文化，惠安女服饰分别以大岞、小岞为代表，大岞惠安女服饰尚黑色，新娘结婚那天穿一套黑色，头饰崇尚绚丽；小岞惠安女尚红与绿的搭配；蟳埔女和湄洲女喜欢红色，而且是大红，年纪越老越穿红色。三大渔女服饰纹样主要体现在惠安女的服饰纹样上，蟳埔女和湄洲女突出头饰，服饰上基本没有纹样。惠安女的服饰纹样从服装到配饰，应用范围广泛，纹样题材也是涉及生活的方方面面，除了对大自然红花绿草的喜爱，还有对惠安女生活点点滴滴的记录，通过服饰纹样来描述生活场景，例如生动的捕鱼场面，凯旋的渔船，各种鱼虾水族，这些都体现了渔女对幸福美好生活的向往和憧憬。

第一节　服饰色彩

随着历史的进程，三大渔女在不同的时期有不同的色彩倾向和喜爱，其服饰色彩在传承与变革中不断发展，沉淀成现在的风格。

一、崇武、山霞惠安女服饰色彩

20 世纪 50 年代以前惠安东部地处偏僻，开发较晚，生产力低下，服装色彩只有褐红（俗称红口布）和黑、蓝两色。50 年代后，纺织行业发展，各种纯色或花色棉布代替了以前自制的土布，20 世纪 70 年代改革开放后，各种化纤布、花色布涌向市场，崇武、山霞惠安女服饰以钛青蓝、湖蓝色为主，还有绿色以及拼接细条纹，90 年代后夏装白底碎花居多，冬装清一色钛青蓝，裤子一直是黑色没有改变，在各种花色中起到基调调和的作用。

（一）日常服装的色彩

20 世纪 50 年代以前，惠安女服装上衣色彩是褐红、黑色和蓝色，虽然物质贫乏，但惠安女们还是找到她们独特的染布材料，闽南盛产桂圆和荔枝树汁，惠安女们就地取材，运用这些植物汁为她们平时纺织的土布染色，将之称为“红口布”，褐红中透露出金属色，现在看这无与伦比的时尚色系，很难猜想当初是采用什么样的工艺制作出来的（图 5-1-1）。在仅有这几种色彩的前提下，聪明的惠安女将蓝色与褐红、黑色相搭配，黑色裤子拼接蓝色腰头，黑色上衣拼接蓝色袖口，以褐红和黑色为基础色，将蓝色作为点缀色，这种色彩组合，稳重不失灵动（图 5-1-2）。

1. 夏装

50 年代后，面料色彩丰富，花样繁多，但大岞、山霞惠安女夏装色彩一直以白底花为主。20 世纪 70 年代左右，惠安女流行绿色与白底黑色细条纹拼接。惠安女头巾色彩为蓝绿底纹花色，头巾上红、黄、绿色缀仔任意跳跃在蓝色的头巾中，上衣白底，上有红、黄暖色系小碎花，或波点纹样，干净而柔和的色调，透着夏日的清爽；配上黑色带有折痕的宽腿裤，黑色宽腿裤作为整套服装的底色，像大地一样的宽厚，包容了所有的鲜艳，同时兼具调和作用；配饰上红绿相间的编织或刺绣腰带与银腰链一起，横空分割了整套着装的色彩比例（图 5-1-3、图 5-1-4）。

色彩比例

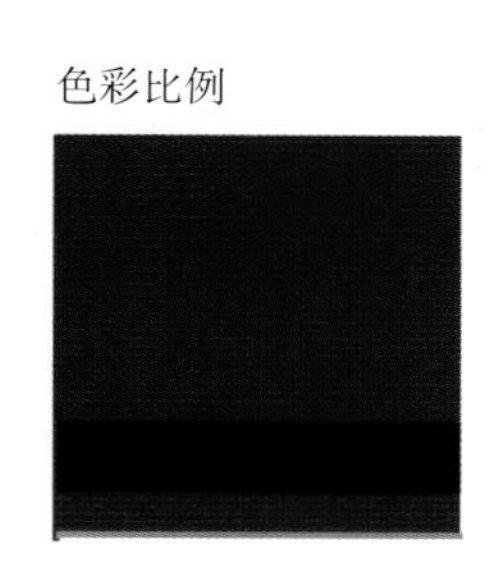

图 5-1-1　早期大峠褐红、蓝色系

色彩比例

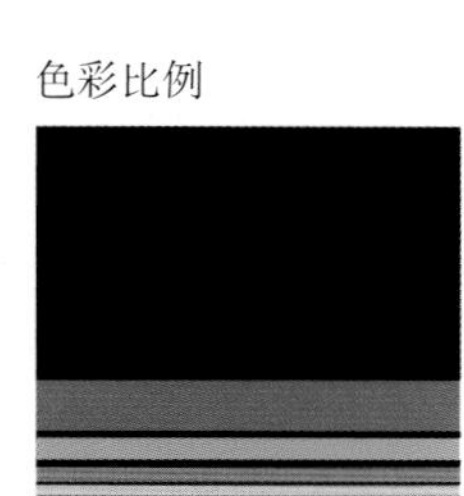

图 5-1-2　大峠黑、蓝色系

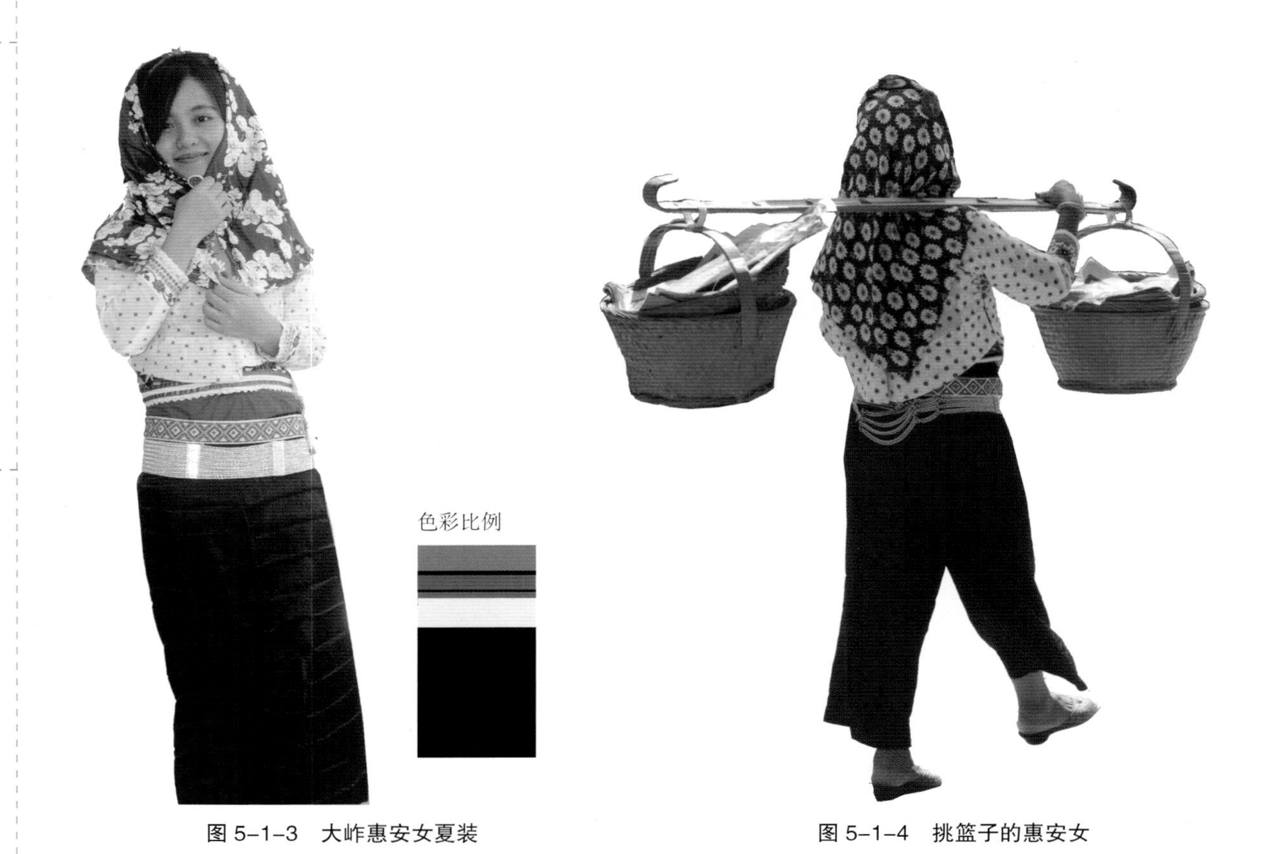

图 5-1-3　大岞惠安女夏装

图 5-1-4　挑篮子的惠安女

2. 冬装

惠安女冬装上衣为标准蓝紫色上衣，也有少数红色花朵纹冬装，流行于 20 世纪 80 年代。冬装面料为厚实的化纤布，天冷的时候惠安女们会在蓝紫色节约衫上套一件开衫毛衣、背心或棉袄等，套在外面的保暖衣清一色对襟，只扣衣领的扣子，通过敞开的衣襟，露出蓝紫色的节约衫。裤子依然是黑裤蓝色腰头(图 5-1-5)。惠安女服饰不同季节的变化主要体现在上装色彩和面料上，款式结构没有任何改变，老人冬装款式如图 5-1-6 所示。

图 5-1-5　大岞惠安女冬装

图 5-1-6　老人冬装

（二）礼俗服装色彩

1．婚礼服

崇武、山霞新娘服装不同于传统新娘装色彩那么红艳，而是选择了一身黑亮的绸衣裤，黑色雨伞，早期是黑色纱巾遮面，黑色胶鞋，肃穆而庄重，整个服饰充满了神秘的色彩。询问当地老人，得知结婚穿黑色是为了隐蔽，以防土匪抢亲，也有传说是源自闽南地区流传反清复明，穿黑色是国殇的标志，闽南妇女效仿忠孝节义，选择结婚都穿黑色。新娘整套服装以黑色为底色，上衣衣袖、门襟、腋下开衩止口处都有细毛线绣花设计（图 5-1-7），红绿刺绣腰带和银色腰链相搭配，佩戴蓝色头巾，头巾上的缀仔比平时更多，也更加漂亮，整体形象端庄大方，又不失装饰（图 5-1-8）。崇武、山霞惠安女即使是礼仪隆重的节日服装，也都以黑色为时尚（图 5-1-9）。

图 5-1-7　大岞惠安女新娘上装

图 5-1-8　大岞新娘服装

图 5-1-9　盛装礼服

2. 丧礼服饰色彩

丧礼服装中，老人过世要穿七层衣，都是日常装，称为“七领”；参加葬礼的妇女都要戴黄斗笠，蓝底白花头巾，头巾上横一白布，并用斗笠固定，身着白底条纹上衣，黑色绸裤，系上银腰链，脚上绿色或白色拖鞋，蓝色、黑色、白色显得庄重、严肃；寡妇为亡夫戴孝，一般用白色毛线扎成花圈套在头上，俗称“凸纱”；给婆婆戴孝，则用绿色毛线扎在发梢。❶

（三）配饰的色彩

1. 头巾和斗笠

（1）头巾　头巾是惠安女服饰中色彩变化最多的部分，大都选用最鲜艳的色彩。早期由于染色工艺的局限，惠安女头巾只有蓝白、绿白两色花样，称为单色头巾，但是惠安女并没有局限于这种单调，红、黄色系的各种缀仔跳跃在蓝、绿色头巾上，犹如一只只灵动的蝴蝶，色彩虽然为红与绿，黄与蓝等互补色系，但色彩比例的运用恰到好处、让人惊叹（图5-1-10、图5-1-11）。

（2）斗笠　惠安女标志性的黄斗笠与蓝色头巾、蓝色上衣形成鲜明的互补色对比色。湛蓝的大海，行走在海边的惠安女，金黄色的斗笠分外跳跃，与金色的沙滩相互映衬，聪慧爱美的惠安女还用少量的红色和绿色，点缀这已经夺目的金色（图5-1-12）。

2. 腰带

惠安女有刺绣或编织两种腰带，腰带色

❶ 陈国强、石亦龙．崇武大岞村调查[M]．福州．福建教育出版社：205．

彩选用与服装互补的色调，形成强烈的对比。裤子的黑色，上衣和头巾的蓝色，都是冷色色系，惠安女便在腰饰上采取红、黄、绿互补的色调，让其闪耀在腰部。腰带以红黄为主色调，搭配少量的绿，用白色平衡，使之艳而不俗（图5-1-13、图5-1-14）。

图 5-1-10　头巾与缀仔的配色（一）

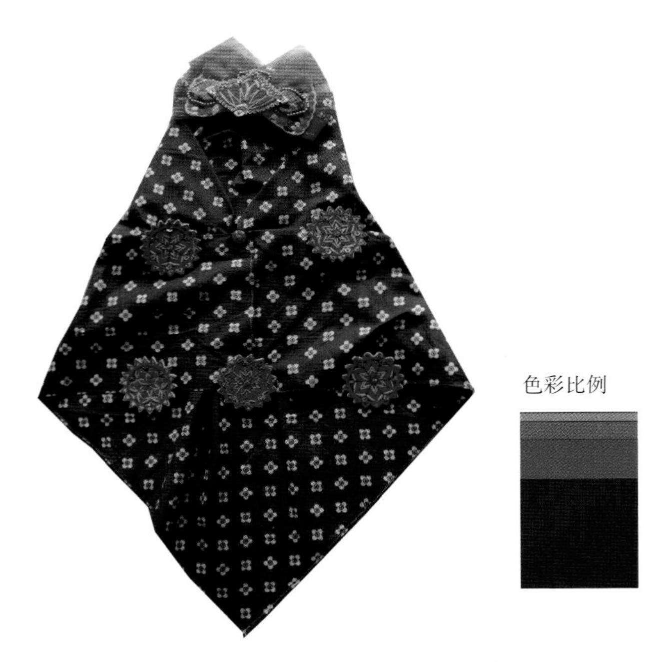

图 5-1-11　头巾与缀仔配色（二）

色彩比例

图 5-1-12　斗笠色彩

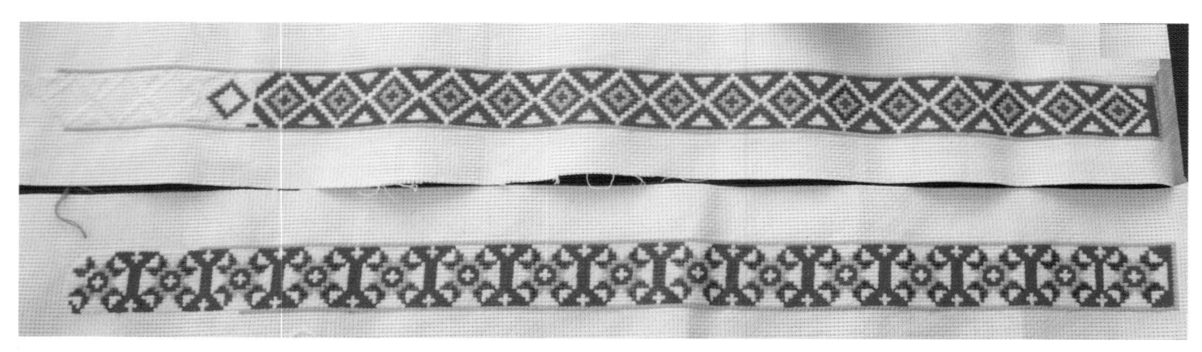

图 5-1-13　腰带配色（一）

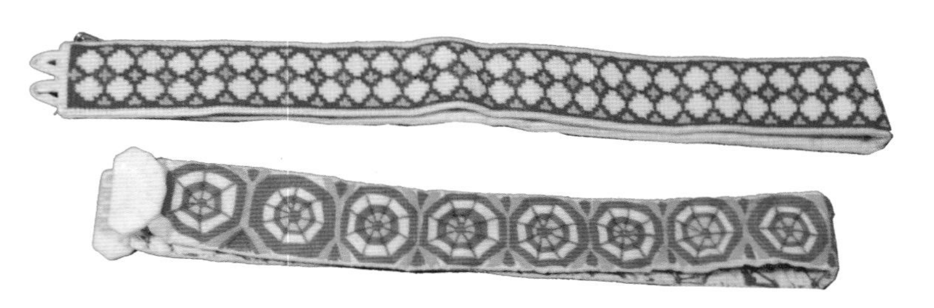

色彩比例

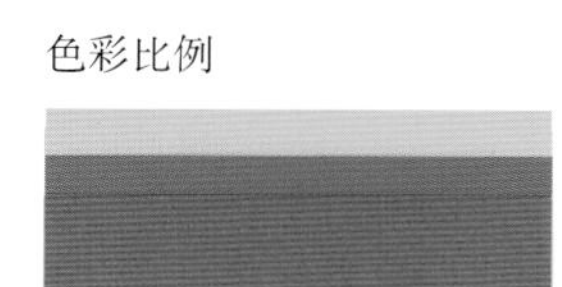

图 5-1-14　腰带配色（二）

3. 踏轿鞋

踏轿鞋是50年代以前惠安女新娘上轿前必穿的鞋子。她们平时都是光脚干活，晚上才会穿简单的布拖鞋，惠安女结婚当天婚礼鞋也是拖鞋，但踏轿鞋在每个惠安女心中都寄托一个美丽的梦。出嫁前她们会精心刺绣一双踏轿鞋，从结婚到入土这双鞋会一直陪伴她们。20世纪20年代，惠安女结婚当天要穿一身黑色接袖衫和宽腿裤，当时没有腰带装饰，鞋子的颜色便成了唯一的装饰色彩。踏轿鞋秉承了传统的红色喜庆色，鞋面以红色为底，紫红、蓝、黄、绿色作为刺绣纹样的色彩，鞋尖的位置用黑色波浪形调和，裁剪成鸡冠的造型，所以又称“鸡公鞋”，整个色彩搭配既喜庆又高雅(图5-1-15)。

色彩比例

图5-1-15　大岞新娘踏轿鞋

二、小岞、净峰惠安女服饰色彩

（一）日常服装的色彩

小岞惠安女服装色彩与大岞以蓝、黑为基色不同，她们以蓝、绿为基色，配以红、黄色系。早期由于面料、色彩工艺缺乏，小岞、净峰惠安女服饰也是黑色为主。20世纪50年代以后，小岞、净峰妇女越来越喜欢鲜艳的色彩，各种红绿花布盛行，红花衬衣配绿色贴背、绿色花衬衣配红色毛背心，海蓝色长裤拼接标准绿裤头，称为经典搭配。现在日常着装为蓝色上衣配蓝色裤子，上衣和下装的蓝色错一个色阶，上衣比裤子略浅，冬天套红色毛背心(图5-1-16、图5-1-17)。

图5-1-16　小岞夏装色彩搭配

图 5-1-17　小岞冬装色彩搭配

图 5-1-18　结婚上衣色彩搭配

（二）礼俗服饰色彩

20 世纪 50 年代以后小岞惠安女婚礼服与大岞婚礼服，色彩上呈现两个极端，大岞全套尚黑色，而小岞则色彩绚丽。全套装扮是新娘头上戴着玫红球巾花，长度过膝盖，绿色红花短上衣，配上红色毛线背心和蓝色拼接标准绿裤头的宽腿裤，脚穿健康牌黑皮鞋，结婚三天后改穿红衫配绿滚边背心（图 5-1-18 ～图 5-1-22），小岞惠安女婚服充满了喜庆，另外小岞女平时喜庆节日、回夫家时都要穿着婚服，作为日后礼服，不过红球花巾只在结婚后三天佩戴。

图 5-1-19　小岞婚服色彩搭配

图 5-1-20　小岞贴背色彩

图 5-1-21　节日等礼服

图 5-1-22　全套搭配色

图 5-1-23　红头巾黄斗笠

（三）头饰的色彩

小岞、净峰的头巾以红橙色系为主，红底小花居多，斗笠全黄色，不像大岞斗笠有绿色装饰，小岞头饰整体色系为暖色系（图 5-1-23）。斗笠带子以白色居多，配上红、黄、绿彩色蝴蝶塑料夹等装饰。老人螺棕头黑色巾仔布上，尽情装饰各种彩色羽带，红色、黄色、绿色、紫色，一般不搭配蓝色，巾仔头也是红黄色调，没有蓝色，蓝色大海是她们的环境色，蓝色的裤子是她们服装的基色，所以装饰色调都没有蓝色。

三、蟳埔女服饰色彩

在早期资源缺乏的年代，蟳埔女服装以蓝、黑和褐红为主，20 世纪 80 ～ 90 年代，这个时期正值改革开放，蟳埔女服饰色彩丰富起来，整体风格还是以红色和黄色暖色系为主，上衣有红、黄、蓝、绿色各种花色拼接，头饰色彩主要是红色、黄色、紫色、白色，配上金色发饰和绿色的叶子，满头春意盎然，色彩斑斓。蟳埔女传统服饰大裾衫只有中老年人还在穿着，特别是喜庆节日时，年龄越大穿得越红（图 5-1-24），年轻蟳埔女只在节日时候喜欢穿红底金色花纹大裾衫（图 5-1-25），不同款式的黑色西裤取代了宽腿裤，这是因为滩涂养殖生产方式已慢慢退出蟳埔女的生活，她们的劳动方式发生了改变，对应的服饰也发生了改变，并一直延续下来。黑色的裤子，对于上装和头饰浓艳的色系，起到稳定调和的作用。

四、湄洲女服装色彩

湄洲女的服装色彩可以用两个词语概括，即海蓝衫和红黑裤子。三大渔女都有蓝色上

图 5-1-24　老年蟳埔女服装色彩

图 5-1-25　年轻蟳埔女服装色彩

衣，她们以海为生，海蓝寄托她们对出海亲人的思恋和美好祝愿，红色在蓝色大海背景下分外艳丽，黑色是三大渔女裤装共同的色彩，在黑色映衬下所有艳丽的色彩都发挥到极致（图 5-1-26）。

现在年轻湄洲女大都走出岛外，岛内的女孩从事各种行业，基本也不穿传统服饰，改良版的“妈祖服”也是节日时才穿戴。中老年妇女基本都是穿红色套装，与其他渔女不同的是红衣、红裤，而且上下装成套搭配，头戴红花，形成新的湄洲女服饰色彩特色（图 5-1-27）。

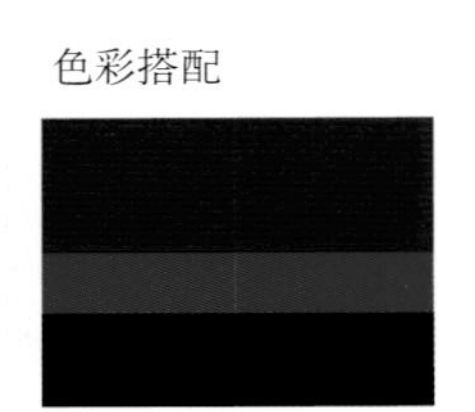

图 5-1-26　湄洲女服饰色彩

图 5-1-27　传统与现代湄洲女服装

第二节　惠安女服饰纹样

三大渔女服饰纹样主要体现在惠安女服饰刺绣纹样上，蟳埔女和湄洲女服饰特点是不同色块的拼布以及滚边工艺，随着各种印花面料出现，蟳埔女、湄洲女服装又选择了印花面料拼接。惠安女早期服饰纹样，都是通过惠安女灵巧的双手刺绣出来的，崇武、山霞惠安女服饰刺绣纹样主要体现在“缀做衫”的领围、“节约衫”前胸和腋下，以及彩色腰带、踏轿鞋、孩子的虎帽和生帽；小岞、净峰惠安女服饰刺绣纹样主要体现在“巾仔头”“凤冠鞋”和裤腿方形绣记上，题材都是以吉祥图案和生活场景的记载为共同特点。

一、崇武、山霞惠安女服饰纹样

（一）服装纹样

1. 衣领刺绣纹样

（1）独立自由的纹样骨式　惠安女刺绣精品主要体现在“缀做衫”时期的衣领刺绣，小小的立领记载着渔女们对生活的感受和美好愿望。纹样取材于大自然的花草虫鸟、海洋的鱼虾水族和生活的经历，有生动的捕鱼场面、渔船满舱归来的喜悦、各种鱼虾水族的生动表现，还有传统的戏装人物、大自然的花卉鸟蝶等，形象表达了渔女们对生活多层面的追求。惠安渔女领围同样是长方形纹样，纹样骨式没有像中原传统刺绣的二方连续，而是独立自由，任意想象。一般有两种形式，一种是分区表现这些独立的纹样，对称与均衡兼具（图5-2-1）；另一种是以某个图案为中心，向左右延伸（图 5-2-2），就像惠安女说刺绣的纹样都在她们的心中一样，左、右两边纹样不会绝对对称排列。由于惠安有常住娘家的婚俗，闲暇之余姐妹们一起探讨刺绣纹样，比谁绣得好看，成为她们精神的一种慰藉，同时对刺绣工艺的精进起到促进作用。惠安女刺绣的围领不仅自己使用，还作为礼物相互赠送。

图 5-2-1　分组构成的单独纹样

（2）题材多样并共存　崇武、山霞惠安女刺绣纹样题材丰富多样，尤其是崇武的大岞惠安女服饰刺绣纹样，不同种类的题材在同一个绣面上共处，不同题材的纹样共存，如：植物花草纹样与动物纹样，人物与海洋水族，生活场景与戏剧人物共处等（图 5-2-2），早期刺绣以黑、白色为底色，以红、黄、绿色的多种彩线绣成，纹样色彩基本不用蓝色，后期选择比较鲜艳的颜色，在蓝色、黄色底布上飞舞各色彩线，尽情展示她们的美好愿望。

围领的刺绣纹样，主要分主纹和副纹，主纹布局在围领的中间，周边布置副纹，围领尺寸根据各人领围来定，宽 5 厘米左右，长 33 厘米左右，这么小的区域竟然要绣出各种栩栩如生的纹样，让人惊叹。主纹题材除了包括自然界的红花绿草、莺飞蝶舞外，还有各种灵动的水族，不同造型的鱼、虾、螃蟹都是她们描述的主题，惠安女刺绣的纹样来源于生活的点点滴滴，闲暇之余的南音戏曲，婚礼嫁娶，还有渔船满舱归来等场景都成了惠安女刺绣的纹样。

主纹绣好以后，还要在主纹的四周绣上辅助纹样，为了衬托主纹，周边采用几何纹样、点状纹，不同色线绣成的三角形代表山，不同折线代表波浪，寓意上为山、下为海（图 5-2-1）。为了使各种题材不仅融洽相处，还要有秩序有规律地排列，聪明的惠安女便给这些纹样划分区域，一般有 5 ～ 6 组纹样，每组纹样都有自己独立的区域，不同区域用色线或者直线纹样分开，左边分格里是正在嬉戏的海洋动物鱼、虾、螃蟹，邻居却是陆地上的彩蝶飞舞（图 5-2-3）。再如，中间这一幅画面是挑香担的姑娘和戏剧南音演奏演员结合，右边是鱼虾成对（图 5-2-4），渔船满舱归来的纹样也经常出现在围领上（图 5-2-5），在“行船走马三分命”的年代，惠安渔女们通过刺绣纹样寄托她们对出海亲人的思念和祝愿，表达了对美好生活的向往和憧憬。

图 5-2-2　多种题材分区组合

图 5-2-3　不同纹样分区共处

图 5-2-4　人物场景、戏剧、鱼虾纹样

图 5-2-5　南音、鱼虾、凯旋船等纹样

2. 衣身、衣袖刺绣纹样

惠安女上装刺绣早期主要体现在缀做衫前后侧缝开衩止口处，开始只是用红绿色线加固开衩止口，后来衍生出花卉纹样、花篮纹样和渔网纹样（图 5-2-6、图 5-2-7），惠安女服饰纹样来源于她们对生活的热爱，和对自然物像的高度概括、提炼，色彩以玫红与绿色搭配为主，用丝线绣成，含蓄而不失雅致。

“缀做衫”过渡到“节约衫”的时候，胸前门襟三角形拼布变成刺绣纹样（图 5-2-8），袖口原来的色布拼接也演变成刺绣纹样拼接（图 5-2-9），领口、门襟和侧缝腋下图案以花朵为主题，色彩以红黄为主色，配以少量蓝绿，在黑色映衬下，彰显浓郁的地域民族审美风格（图 5-2-10、图 5-2-11）。材料选用细毛

图 5-2-7　渔网纹样

图 5-2-6　花篮纹样

图 5-2-8　领下三角形绣片

图 5-2-9 门襟、袖口等刺绣纹样

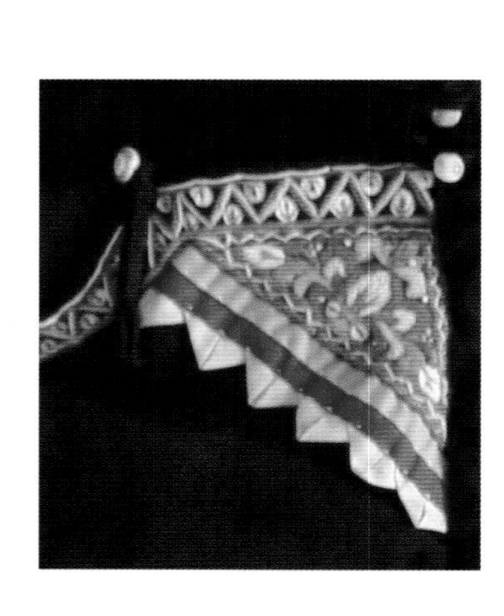

图 5-2-10 领下装饰刺绣纹样

图 5-2-11　侧缝开衩止口刺绣纹样

线开司米，俗称膨体纱，毛线色彩丰富而且色质艳丽、质感蓬松突出体积感，在毛线盛行的时候，惠安女选择毛线，取代了以往的丝线。

（二）配饰纹样

1. 腰带刺绣纹样

腰带刺绣纹样主要为几何纹、花卉纹和动物纹样。早期为折线纹样、菱形纹、雪花纹等几何特征明显的纹样（图 5-2-12），现在比较流行珠绣，花朵纹和彩蝶纹较多，这些题材的纹样被巧妙地融合在几何纹样的骨骼里，色彩选用红色、黄色调加绿色对比，在特有的秩序下，艳而不俗（图 5-2-13）。

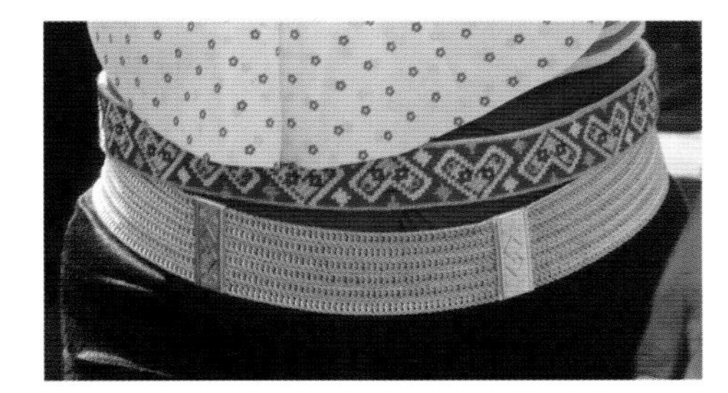

图 5-2-12　几何纹腰带

图 5-2-13　花朵纹、彩蝶纹腰带

2. 手帕的刺绣纹样

惠安女的手帕不是拿在手上，而是上装搭配的一种配件，用来装饰节约衫的侧缝，穿着时用别针固定在内衣腋下，手帕从节约衫左侧开衩部位露出。手帕纹样主要有两种，一种是红花和绿叶纹样，花朵以面与面来组合，绿叶起到衬托作用，有时候还绣上文字（图 5-2-14）；还有一种是花篮纹样，菱形的竹篮编织纹样，两朵六瓣花，构成满地装饰纹样，篮子提手上绣上各色叶片，花和叶是纹样的主题，花纹的色彩白底上用红线、绿线和黄线绣出；黄底上一般用红线、绿线、白线绣出纹样，针法一般是打籽绣和平绣（图 5-2-15）。

图 5-2-14　花朵、绿叶纹样

图 5-2-15　花篮纹样

3. 巾仔头刺绣纹样

巾仔头纹样主要装饰在长黑巾的两端，早期作为掩面遮羞的黑巾，20 世纪 50 年代以后逐渐演变成老年头饰的一种，纹样采用曲线、折线相互组合，构成规律的波浪纹和花瓣纹样，还有菱形几何纹，万字吉祥纹等，色调统一为黑底蓝色或绿色色系，图案骨架为四方连续和二方连续的组合，秩序中不失单调（图 5-2-16、图 5-2-17）。

4. 小孩童帽、披肩刺绣纹样

宗教礼仪和节日喜庆活动促生了刺绣品——生帽、虎帽和披肩。20 世纪 50 年代前后，闽南一带宗教礼仪活动盛行，比如：酬神庙会、佛生日、挂香过炉的隆重仪式举行的全民“游镜”活动。为了表示虔诚，惠安女们便绣起“星帽、披肩、偶财帽”来装扮孩子们，让他们跳着香担，打着钱鼓或骑上马，跟随游行的队伍，

图 5-2-16　黑巾仔

图 5-2-17　巾仔头转化为老年头饰

享受节日的欢乐。❶

生帽、虎帽、披肩刺绣纹样一般为双凤朝牡丹的吉祥图案，图案纹样为象征符号，寄予某种心愿，画面多以牡丹花为中心，双凤在牡丹左右下方。还有一种纹样是鸟戏莲生贵子的生殖崇拜，也是民间生殖崇拜"莲代女下体，鸟戏生贵子"的另一种表现形式（图 5-2-18 ～图 5-2-24）。❷早期纹样都是传统吉祥如意纹样题材，50 年代后出现鱼虾水族和人物场景的题材纹样（图 5-2-25、图 5-2-26）。

图 5-2-18　凤朝牡丹纹虎帽

图 5-2-19　凤朝牡丹纹虎帽

❶ 哈克．惠安女服饰与刺绣 [M]. 中国民族摄影艺术出版社，2009：4.

❷ 哈克．惠安女服饰与刺绣 [M]. 中国民族摄影艺术出版社，2009：5.

图 5-2-20　虎帽纹样

图 5-2-21　童帽纹样

图 5-2-22　童帽

图 5-2-23　刺绣披肩纹样

图 5-2-24 儿童刺绣披肩

图 5-2-25 童帽刺绣纹样

图 5-2-26 披肩纹样

5. 踏轿鞋刺绣纹样

踏轿鞋的纹样传承吉祥如意图案，鞋面两侧为双凤朝牡丹纹样（图 5-2-27、图 5-2-28）。鞋面色块分为三个区域，鞋尖黑色鸡冠部位和后面黑色鸡尾相呼应，中间红色区域布满盛开的牡丹与枝头的凤鸟构成一个饱满的适合纹样，写实的凤鸟头和凤鸟身体立在牡丹枝叶的中央，凤尾和凤爪与牡丹枝叶融为一体，牡丹花花瓣高度概括，饱满富有张力，鞋头与鞋尾拼接黑色相呼应，踏轿鞋由于形状像鸡冠，又称为鸡公鞋，充满了喜庆吉祥的寓意。

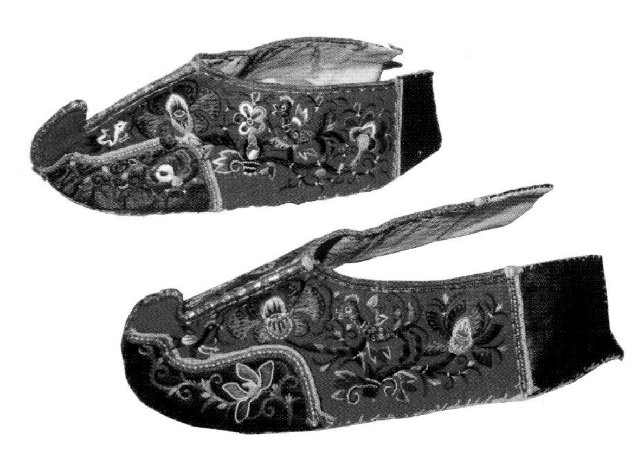

图 5-2-27 双凤朝牡丹纹样

图 5-2-28 双凤朝牡丹纹样线描图

二、小岞、净峰惠安女服饰纹样

（一）服装纹样

1. 上装纹样

小岞、净峰惠安女服装纹样不同于大岞惠安女刺绣纹样，小岞、净峰渔女服装纹样是采用多种滚边工艺技法构成各种纹样，主要位于斜襟边、袖口、下摆及侧缝，几乎包括所有边缘位置和底边（图 5-2-29 ～图 5-2-31）。滚边种类繁多，有线滚、布滚、花滚、大小橄榄滚和万字滚，布条滚主要是红、绿和白色布条，还有红底花色布滚，波浪纹与橄榄纹相连，每个转角的位置滚万字纹连接，更具有特色的是前后侧缝连接处，红绿相结合巧妙地组成如意纹（图 5-2-32）。小岞、净峰袖套滚边更是典型，从袖口开始，先滚三条白布条，间隔花色布滚一条，然后再滚两道白条，接上去是滚连续万字纹，间隔两道白条滚，线滚菱形纹、波浪纹和大小橄榄纹组合（图 5-2-33），图案由弧形线与直线相互搭配组合成各种几何纹样，装饰风格独特，沿海其他渔女服饰都没有见过如此装饰手法。

图 5-2-29　各种滚边纹样

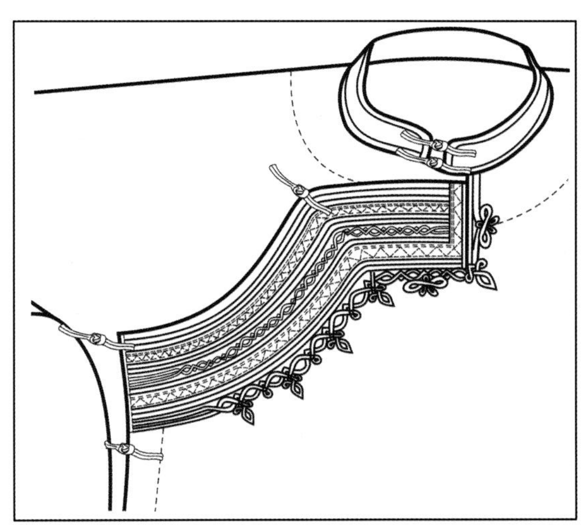

图 5-2-30　斜襟滚纹样

图 5-2-31　贴背滚纹样

图 5-2-32　侧缝如意纹

2. 下装方形绣记

小岞、净峰上衣后背和裤腿右侧都有一个方形绣记，传说是康小姐被抢亲刮破后用彩线修补的痕迹，后来代代传承。纹样是由不同大小的菱形纹组合，通过不同的颜色横向分区构成一个方形刺绣图案（图 5-2-34、图 5-2-35）。

图 5-2-33　袖口纹样

图 5-2-34　贴背绣记

图 5-2-35　裤腿绣记

（二）配饰纹样

1. 巾仔头纹样

巾仔头刺绣纹样是小岞、净峰惠安女刺绣中的精品，纹样题材丰富，主要来源于自然物象和生活场景，自然物象的题材有牡丹与石榴，象征多子与富贵（图 5-2-36），凤鸟、蝴蝶纹也常常出现在巾仔头上，源于对蝴蝶图腾的崇拜。这些吉祥纹样寄予了人们对美好生活的向往；还有一种结合自然物像的理想题材，源于对生殖的崇拜和多子多福的祈盼，小岞巾仔上有些具有意向性花型，类似牡丹、莲花的变体，花形中的某些元素具有明显生殖器官的特征（图 5-2-37、图 5-2-38）。通过刺绣纹样对日常生活场景描述主要是结婚场景和渔船归来的场景（图 5-2-39），寄予婚姻幸福，期盼亲人归来鱼满舱的祝愿。

2. 童帽

小岞童帽比大岞童帽色彩艳丽，主要纹样是牡丹和石榴纹样，寓意富贵与兴旺，色彩以红黄色为主色，童帽花型饱满，曲线圆润流畅，按帽子的形状布局适合纹样，左、右帽耳各绣一对男孩和女孩，童帽后面还用黑色毛线编出一个假辫子，不知道是否受清代遗风的影响（图 5-2-40 ～图 5-2-42）。

图 5-2-36　牡丹与石榴纹

图 5-2-37　团花生殖崇拜纹样

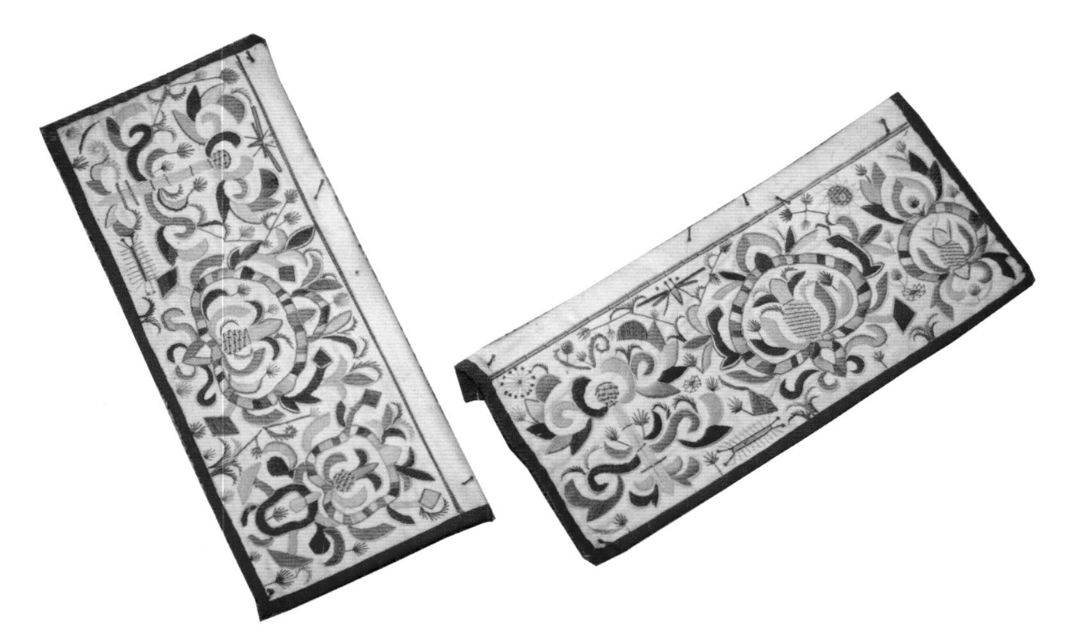

图 5-2-38　牡丹、石榴纹与生殖器官组合纹

图 5-2-39　人物场景纹样

图 5-2-40　童帽牡丹纹正面

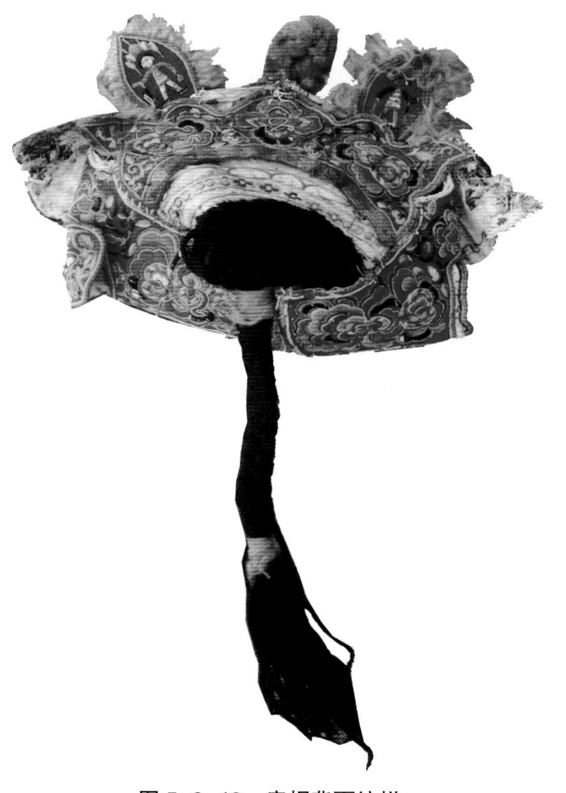

图 5-2-42　童帽背面纹样

图 5-2-41　童帽正面纹样

3. 踏轿鞋

小岞、净峰踏轿鞋刺绣纹样同样是以吉祥如意纹为主，牡丹代表富贵，早期凤冠鞋纹样主要以牡丹花的不同变形组合成适合纹样（图 5-2-43、图 5-2-44），大岞的凤冠鞋凤冠在中央，小岞鞋纹样凤冠在鞋头，后期凤冠鞋逐渐演变成平底绣花拖鞋，纹样也发生了变化，增添了蛇纹和鱼纹等动物纹样（图 5-2-45、图 5-2-46），惠东有对蛇的崇拜，称为“木龙”，有这样一句联语：“船是木龙游天下，家居水面乐如仙”，来表达对“木龙”的崇拜。[1]

[1] 《泉州惠东妇女服饰研究》课题组．凤舞惠安 [M]．福州．海潮摄影艺术出版社，2003：45．

图 5-2-43　早期凤冠鞋纹样（没绣完）

图 5-2-44　鞋牡丹纹

图 5-2-45　后期踏轿鞋纹样

图 5-2-46　蛇纹和鱼纹

三大渔女服饰的色彩与纹样既有联系也有区别，服装上都是以裤装的黑色为底色，装饰色彩丰富，基本由红、黄、绿、紫色组成，装饰上没有采用蓝色，三大渔女早期都着蓝色斜襟右衽衫，随着不同的发展时期，不同区域审美发生变化，崇武、山霞惠安女服装尚黑喜蓝，配饰选用红色、黄色与绿色组合；小岞、净峰惠安女尚绿喜蓝，配饰选择红与黄色；蟳埔女和湄洲女现代服饰都是喜欢红色色系，特别是喜欢大红，一片喜庆吉祥。

纹样主要体现在惠安女服饰纹样上，几何纹样和花鸟富贵纹是大岞、小岞惠安女的共爱，只是表现的手法各异，题材上充满了海洋文化气息，各种海洋水族欢快灵动，人物故事以及期盼渔船归来等朴素的题材都是惠安女服饰纹样创作的源泉，艺术来源于生活，更来源于对生活的感受。

三大渔女服装结构与工艺

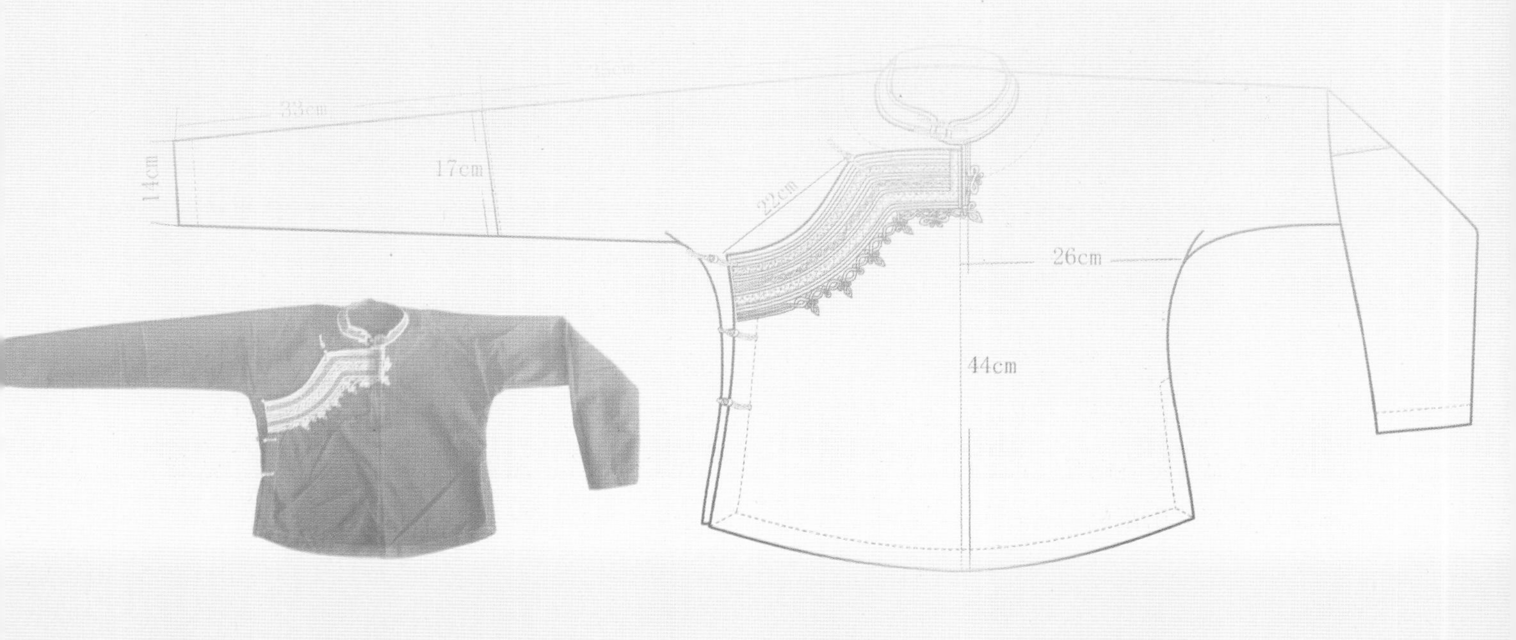

福建三大渔女服装基本结构都是沿袭汉族传统的服装结构，上衣为斜襟右衽衫，古代中原汉族服装衣襟向右，以“右衽”谓华夏风习。衽，本义衣襟，左前襟掩向右腋系带，将右襟掩覆于内，称右衽，反之称左衽。“左衽”一般指中原地区以外少数民族的装束。三大渔女上衣一直沿袭右衽，只是在不同时期，上衣的长短、宽窄、装饰在不断演变。裤子也都是大折腰宽腿裤，称为“汉裤”，不同时期面料和色彩随着新的审美标准而变化，但基本结构一直沿袭下来。

第一节　惠安女服装结构与工艺

惠安女服装早期在没有缝纫机的时候，都是手工制作，早期流传“大岞无师傅，小岞请师傅”，大岞、山霞惠安女服装制作技术是母女传承，一般在 12 ～ 14 岁开始，跟着母亲和周围姐妹们学缝制衣服和刺绣工艺，现在每个村也都有裁缝店了。小岞女儿待嫁，母亲都要去裁缝那定做衣服，这是两个不同地域不同的女红传承方式。

一、崇武、山霞惠安女服装结构与工艺

（一）接袖衫与缀做衫结构与工艺

1. 接袖衫

接袖衫的结构特点是连袖，袖子分别与衣身左、右片相连，在前后中心线处拼接，左边斜襟前衣片另裁在前中缝合（图 6-1-1[1]、图 6-1-2），衣身分成三片，第一片是右衣片前后身部分（图 6-1-3），袖中缝对折连片裁剪；第二片是左衣片前后身部分（图 6-1-4），前后衣片连裁，袖长及手腕；第三片是左片掩右片的斜门襟部分（图 6-1-5），袖口再另外拼接日后卷袖的部分。接袖衫领为立领，有色布条镶嵌 2 ～ 3 道。工艺为手工制作暗针缝制，内里贴边，斜门襟贴不同色边，露出 0.1 ～ 0.2 厘米色边装饰。

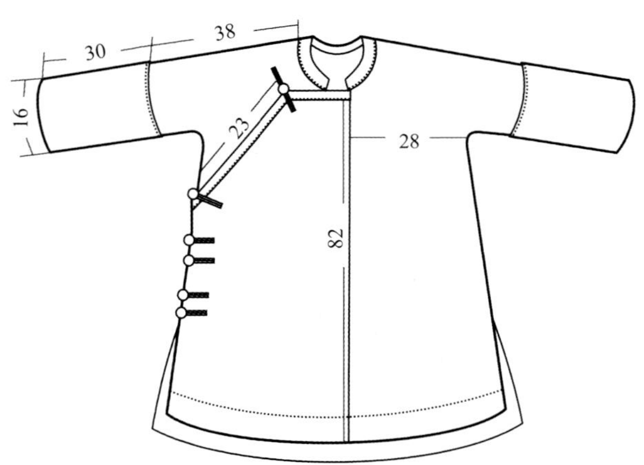

图 6-1-1　接袖衫正面结构图

[1] 结构图中尺寸单位为厘米，号型为中码。——出版者注

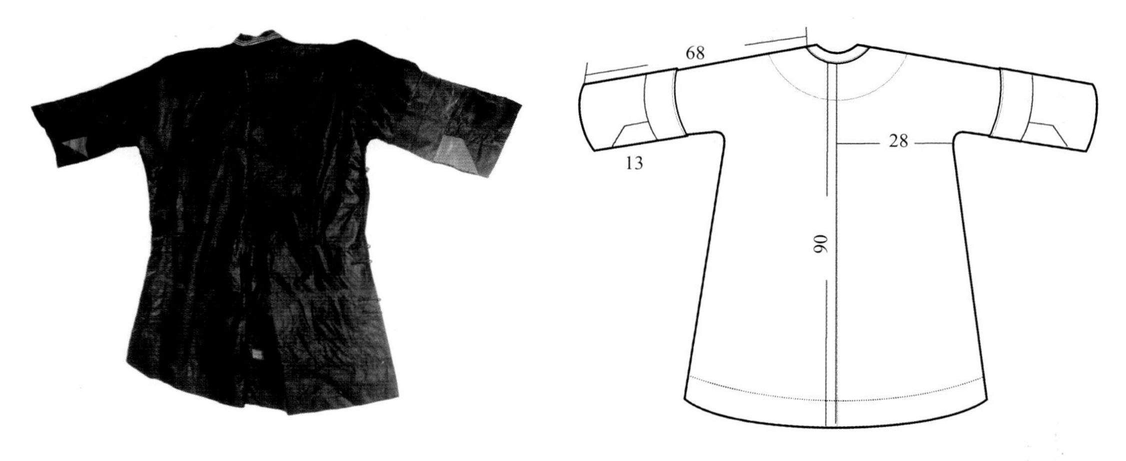

图 6-1-2　接袖衫背面结构图

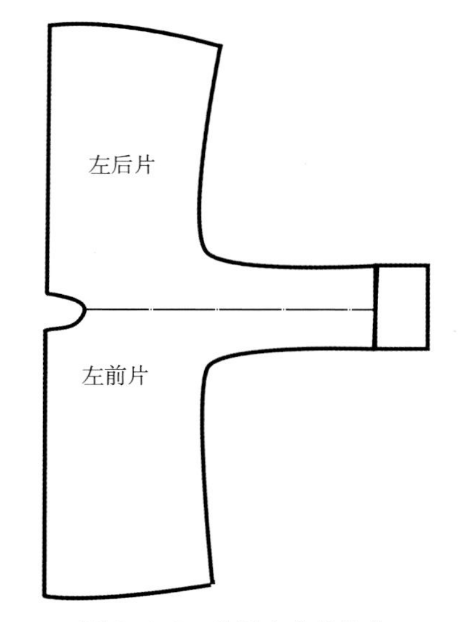

图 6-1-3　前后左衣片结构

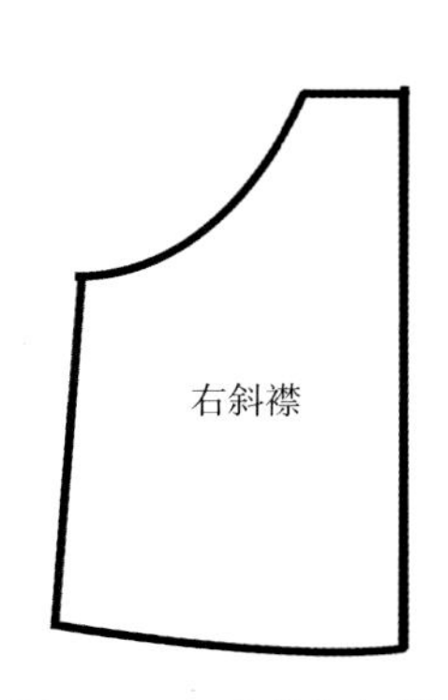

图 6-1-5　右前片斜襟

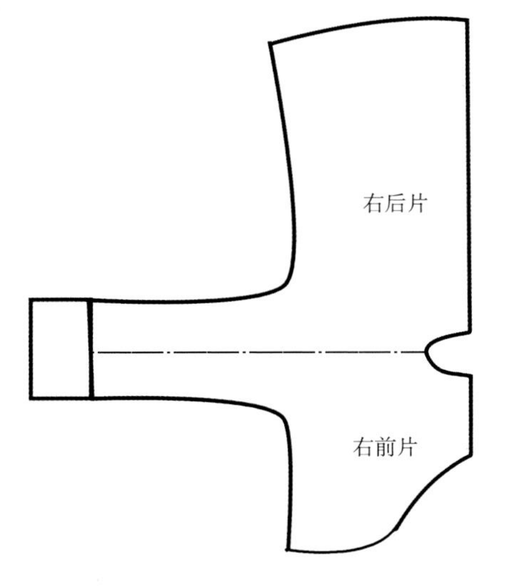

图 6-1-4　前后右衣片结构

2. 缀做衫

缀做衫结构与接袖衫相似，只是下摆弧度变大，前后增加长方形、三角形的缀面，袖长变短（图 6-1-6、图 6-1-7）。工艺特点是，领下方有蓝色三角形装饰拼接，前胸后背拼接长方形和三角形缀面，下摆、侧缝用一些碎布头贴边，弧形下摆处左右贴不同颜色（图 6-1-8），左边贴绿，右边贴蓝色，目的是贴边稍宽于底边 0.1 ～ 0.2 厘米，造成一个下摆镶边的效果，而且左右色彩还相互对比，斜弯襟黑色贴边作为装饰，袖口贴蓝色边，随意翻折出来，稳重中透出灵动，具体裁片如图 6-1-9 所示。

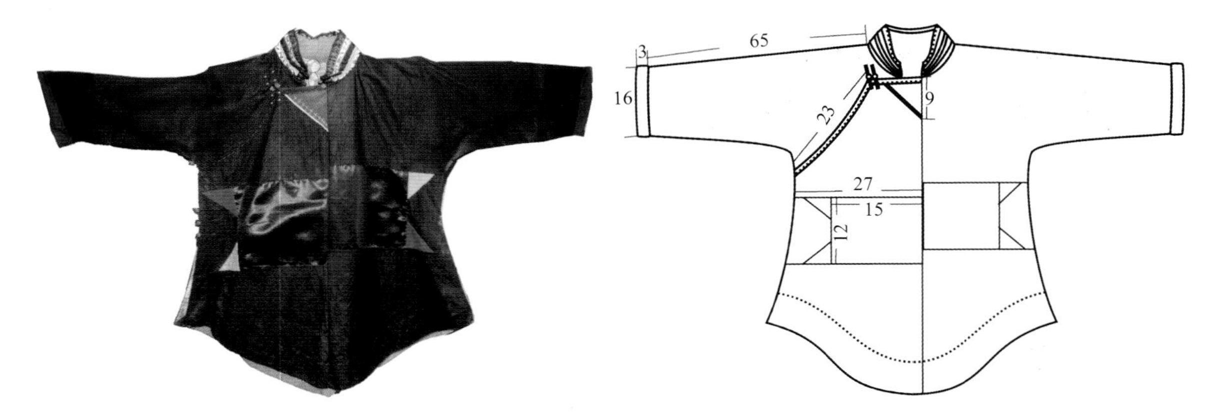

图 6–1–6 缀做衫正面结构

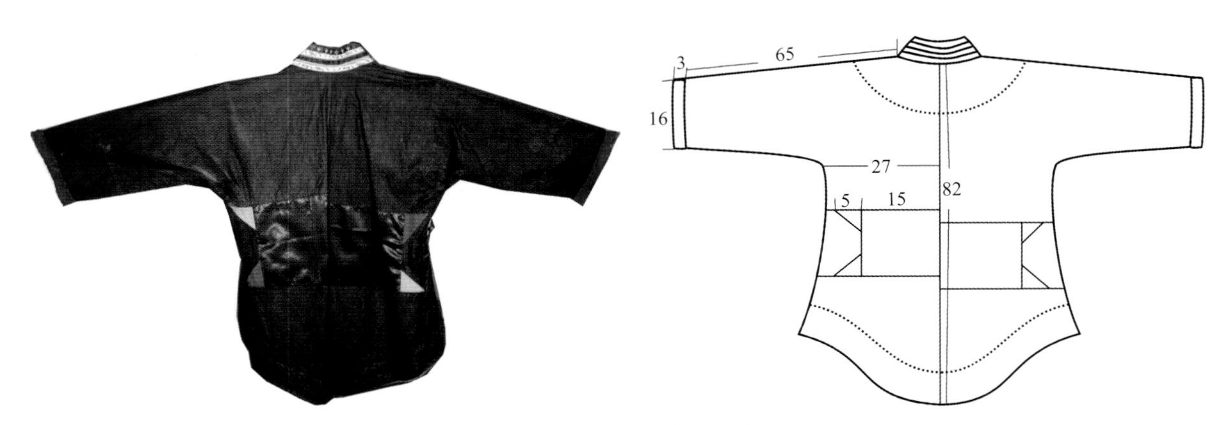

图 6–1–7 缀做衫背面结构

图 6–1–8 里布色彩拼接

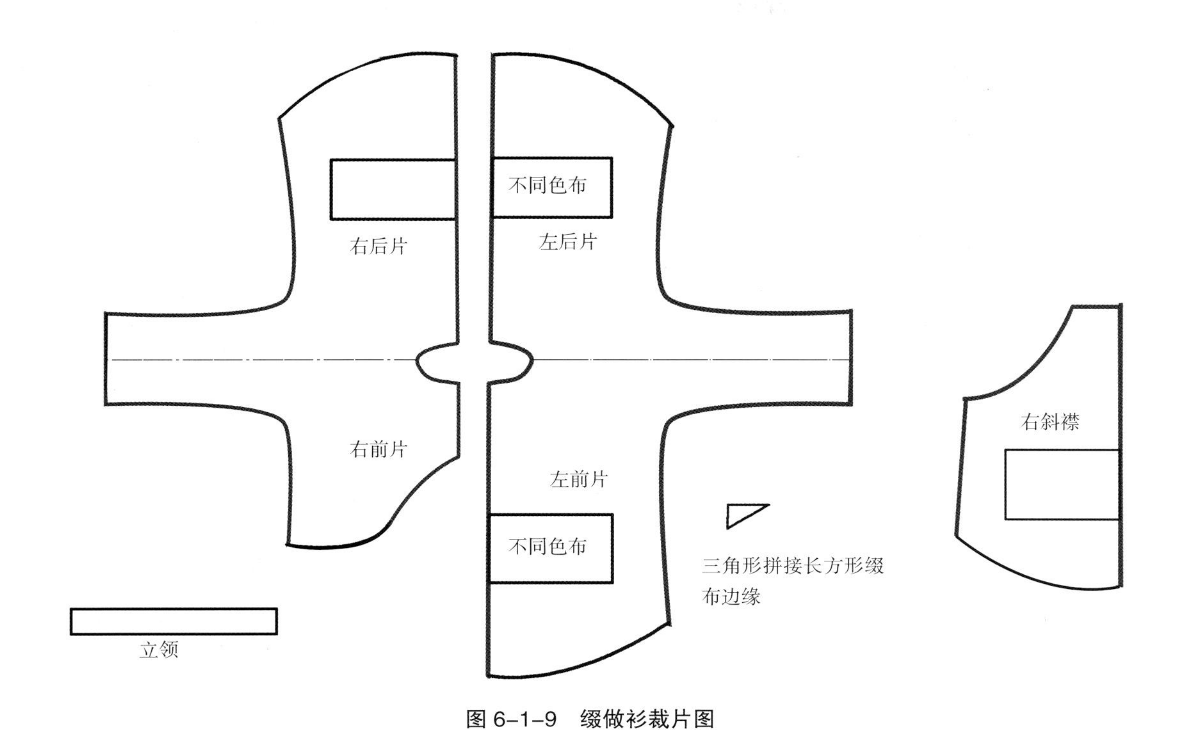

图 6-1-9　缀做衫裁片图

（二）节约衫结构与工艺

节约衫的结构基本上是缩短的缀做衫，裁片原理与缀做衫相同，衣身都是由三片组成，前后围度相同，连体袖，外接领子，节约衫的下摆弧度更大，下面以惠安女节约衫为例，起翘量达 15 厘米，下摆围度比胸围围度大约 20 厘米，这是节约衫最大的结构特点，具体结构及尺寸比例如图 6-1-10 ～图 6-1-12 所示，惠安女服装早期都是手工缝制，技艺也都是母女相传、姐妹共同学习提高的，虽然现在有缝纫机，但节约衫下摆弧度太大，机缝效果永远达不到惠安女的要求，于是服装的内里，特别是下摆，都是手工暗针缝制（图 6-1-13），扣襻依然用布襻，纽扣改为各种现代纽扣。

（三）宽腿裤结构与工艺

宽腿裤结构一直沿袭至今，直筒型裤腿，臀腰围松量达到 20 厘米有余，腰围和臀围量相同，穿着时在前腹向一边对折，系带固定（图 6-1-14），由于裤子前后裆等大，所以不分前后片，裤身只有两片组成，左右片是相同的，都是左右侧缝对折后在后裆裁剪，侧缝是对折连片，图中虚线表示，外接一个长方形腰头。工艺特点是：由于面料幅宽一般不够裆宽，所以一般先拼一块小裆，然后分别合缝前后侧缝，最后拼腰头。具体尺寸（净量）和裁片如图 6-1-15 所示。

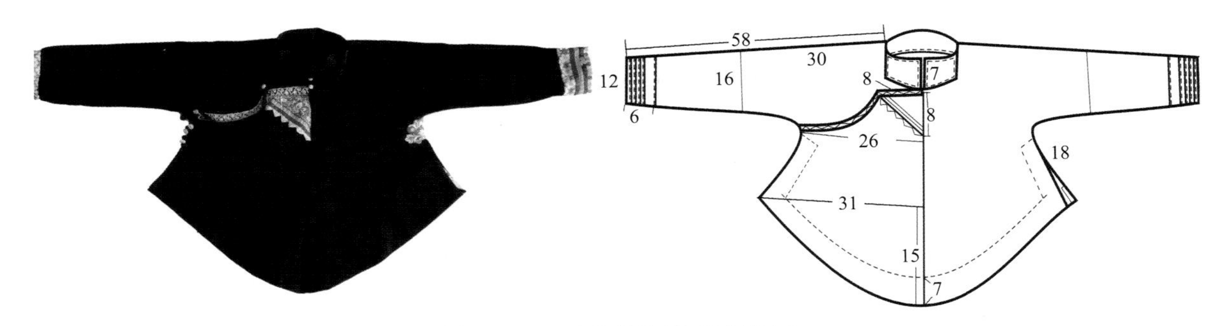

图 6-1-10　大岞节约衫正面结构图

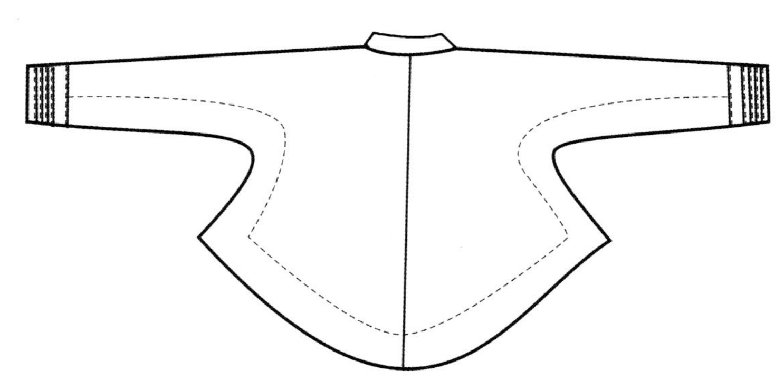
图 6-1-11　大岞节约衫背面结构图

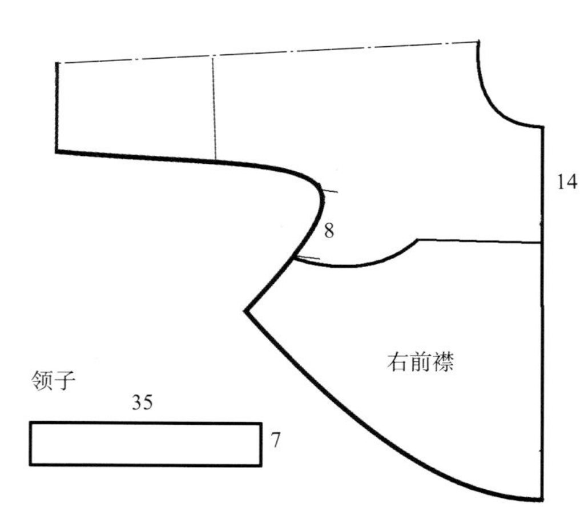

图 6-1-12　被掩藏的右襟尺寸

图 6-1-13　内里手工工艺

图 6-1-14 大折宽腿裤结构图

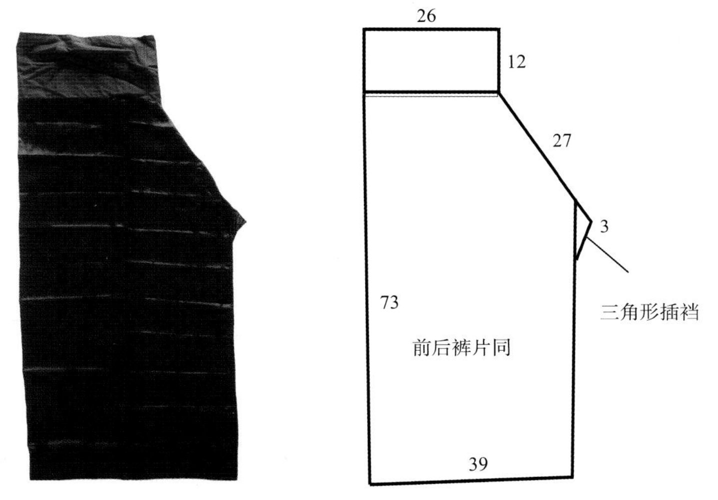

图 6-1-15 对折以后 1/4 裤片

二、小岞、净峰惠安女服装结构与工艺

（一）上装结构与工艺

1. 滚边大衤右衫结构和工艺

小岞、净峰大衤右衫基本结构与大岞惠安女早期的接袖衫类似，但不同于崇武、山霞惠安女上衣胸围和下摆围的巨大差量，下摆起翘小，稍有一点弧度，基本平直，不收腰。大衤右衫结构基本延续中国传统的右衽衫结构。结构图分解同第一节接袖衫，这里不再多说。小岞、净峰大衤右衫的工艺特点就是滚边（图 6-1-16），包含布滚、线滚、花滚、橄榄滚和万字滚多种工艺手法，蓝色、黑色服装滚白边或红绿边。工艺步骤为先把这些滚条裁好后黏上糨糊，固定在衣片上，然后手针固定，再用缝纫机车缝，缝纫机的针脚调到最小，缝出来的线迹非常密集。

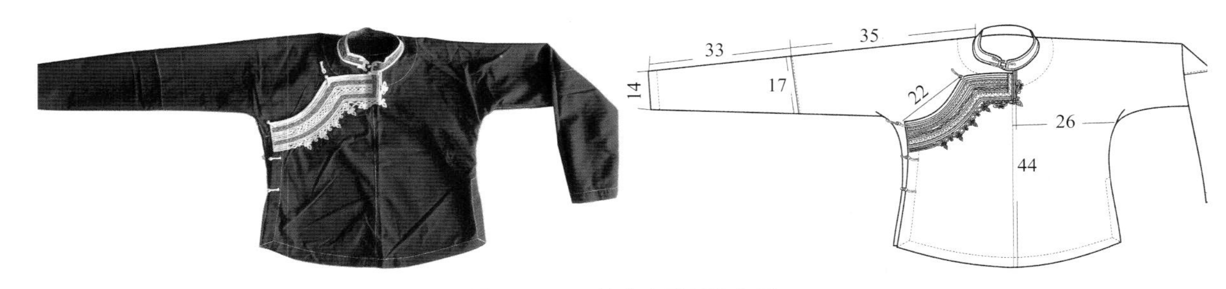

图 6-1-16　滚边大袂衫结构图

2. 滚边贴背结构和工艺

"贴背"衣身分为三片，前片左右片对称，领子为立领，侧缝开衩。立领为线滚，蓝色拼布白色布滚边，滚边工艺和"大袂衫"滚边工艺相同（图 6-1-17、图 6-1-18）。

3. 节约衫结构与工艺

小岞、净峰"节约衫"基本结构和大岞、山霞节约衫一致，都是右衽，但衣长稍长，及腰线，翻折小方领，下摆平直，衣袖也是连身裁剪，在袖肘线处拼接，中式袖结合西式衬衫袖克夫，下摆、袖口双线明缉线，有时用金线装饰。侧缝开衩约 9 厘米，中间用琵琶扣装饰并固定，由于下摆没有弧度，所以现代小岞服装都是机缝（图 6-1-19 ～图 6-1-21）。

图 6-1-17　贴背里工艺

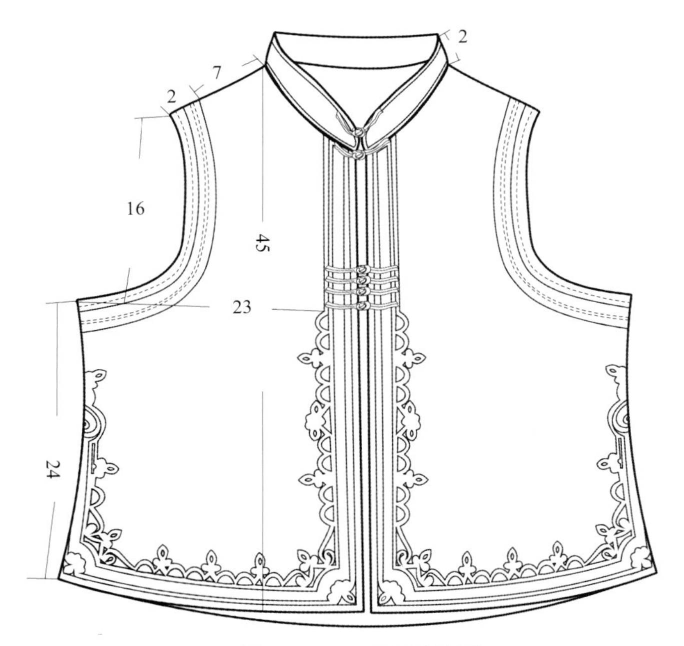

图 6-1-18　正面结构图

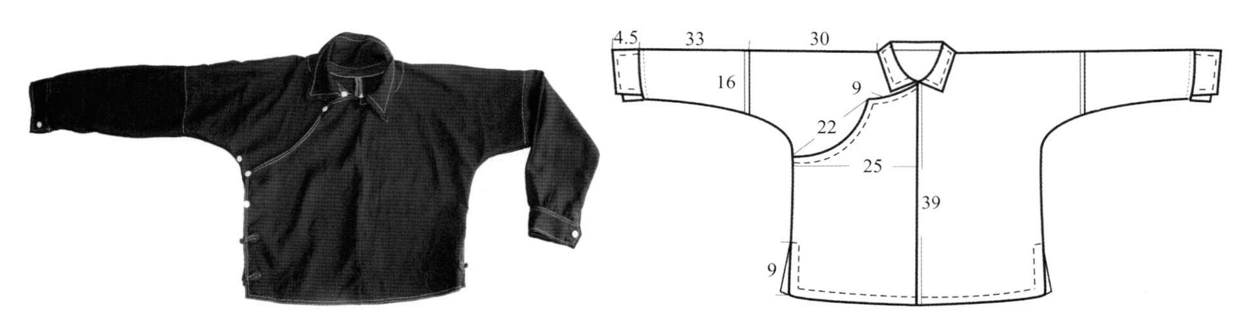

图 6-1-19　小�节约衫正面结构图

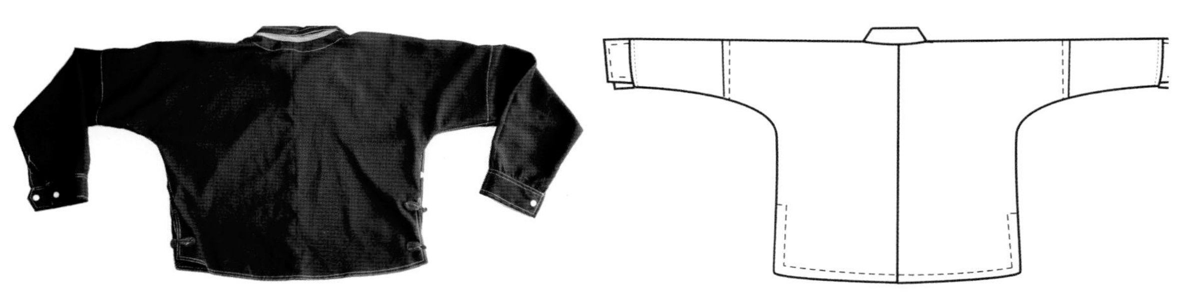

图 6-1-20　背面结构图

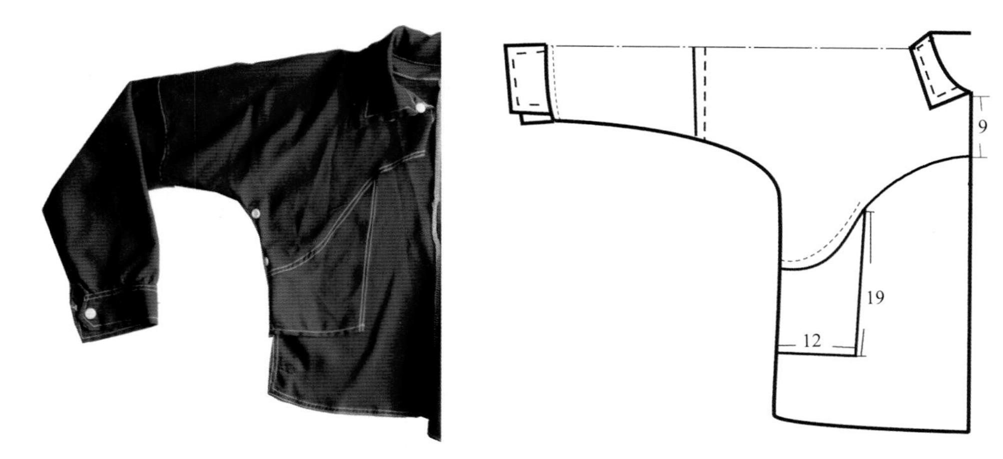

图 6-1-21　右边掩盖的衣襟结构图

（二）下装结构与工艺

小岞、山霞宽腿裤三片式结构，左右裤筒各一片，从侧缝对叠，不同于现在西裤四片裁剪，从结构上裤脚稍收，没有大岞宽腿裤裤筒尺寸那么大，前后裆斜线分割，不同于大岞裤裆的对称直线插裆结构，腰头为长方形拼接，前后片同（图 6-1-22）。工艺也都是机缝，小岞裤子还有一个装饰工艺就是右裤腿侧缝外绣一块大小为 5.5 厘米 ×5.5 厘米的绣记，手工在裤片上绣好，然后再合裆缝。

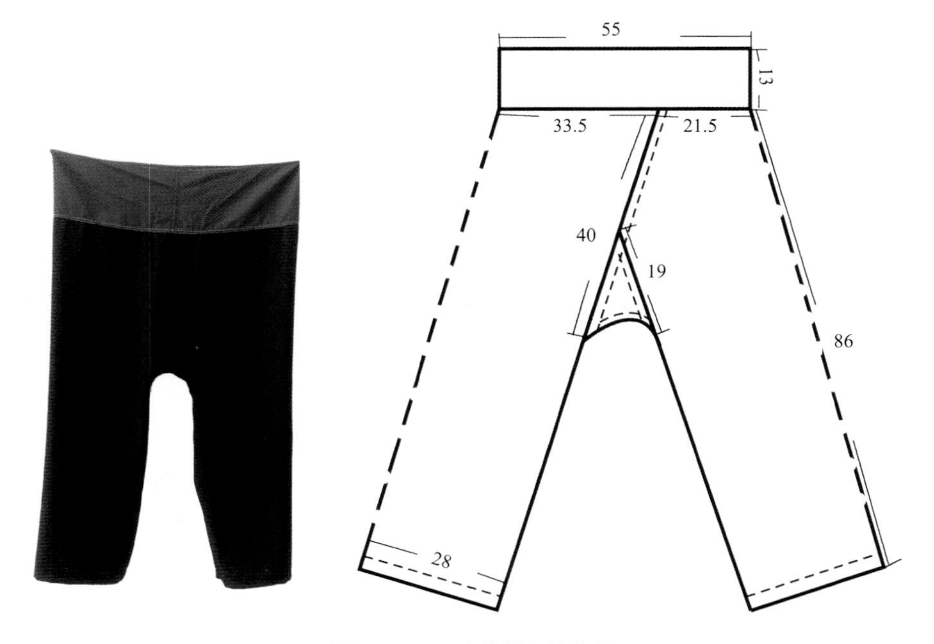

图 6-1-22　小岞裤子结构图

第二节　蟳埔女服装结构与工艺

一、蟳埔女大裾衫结构与工艺

大裾衫肩袖裁剪沿袭汉服的前后片对折，在领口处挖圆为领窝，蟳埔女上装典型特点是错位拼接，前中心线处花色与灰色面料错位拼接，左边比右边高2厘米，当地人解释来源于男左女右，男高女低，这也沿袭了汉文化男女家庭地位的写照，衣服连接通常设6粒布纽扣，取成双成对，六六大顺的吉祥寓意。左右袖口对称，拼接两种不同色布靠右边腋下还相拼了一块2厘米宽的蓝色色块，充分体现出蟳埔女爱美之心和纯朴的审美意识。领口为汉服传统的立领，上衣下摆为弧形设计，弧度平行下摆向下5厘米；背面同样在后中心线处错位拼接设计（图6-2-1、图6-2-2）。

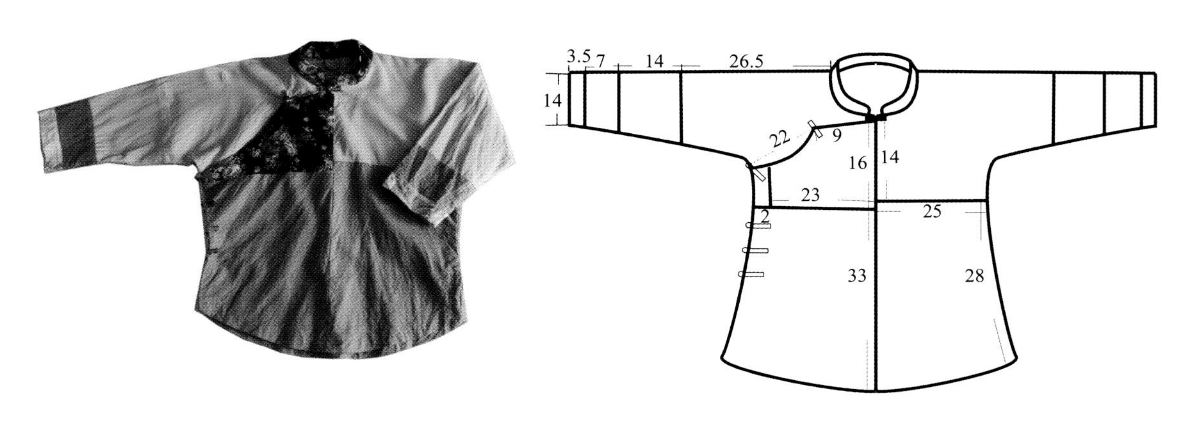

图6-2-1　大裾衫正面结构图

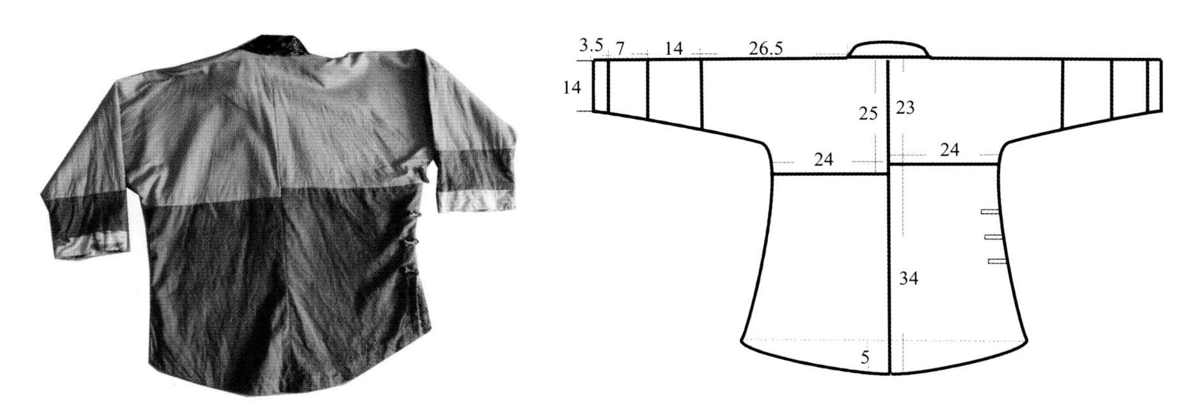

图6-2-2　大裾衫背面结构图

二、下装结构与工艺

蟳埔女宽腿裤裤裆为插裆设计。为了配合腰头多余部分斜向折叠，裆弯线也顺应斜裁。裤筒为直筒型，前后一致。腰头一般为白色和蓝色（图 6-2-3）。

仗仔为夏季滩涂作业时穿着的短裤，整体呈对称结构，色彩依旧保持宽腿裤的黑、白或黑、蓝，结构上同样是插裆，插裆的宽度远大于裤脚口宽，便于蹲下劳作，不受裤裆的束缚。由于是短裤，腰头长 76 厘米，属于合体造型不用对折，特别要说明的是，在“仗仔”脚口的位置还装饰了长 3 厘米，宽 1 厘米的湖蓝色面料滚边，可见蟳埔女即使是劳作的短裤也不忘装饰（图 6-2-4）。

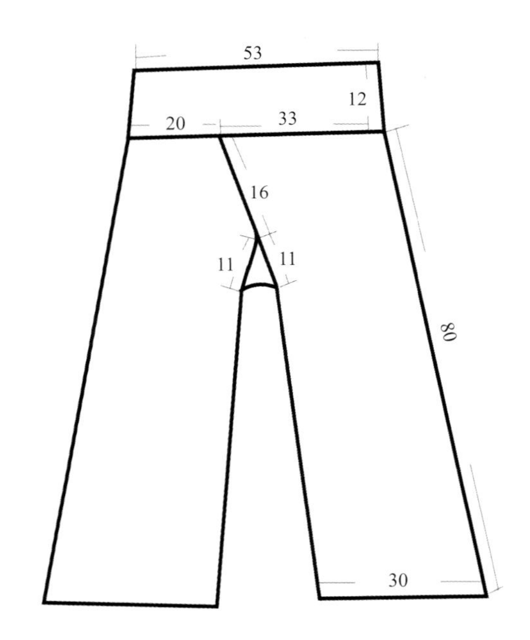

图 6-2-3　宽腿裤结构图，前后片同

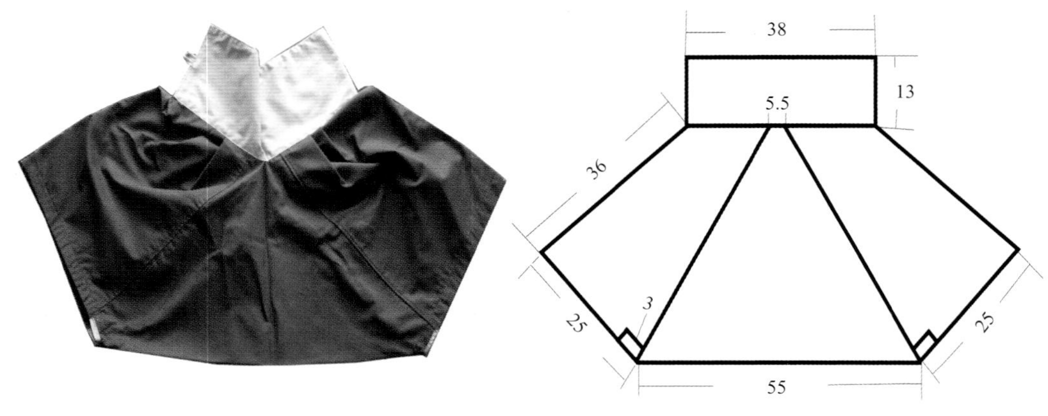

图 6-2-4　仗仔结构图

第三节　湄洲女服装结构与工艺

一、海蓝衫结构与工艺

湄洲女早期海蓝衫结构与蟳埔女大裾衫结构基本一致，立领右衽，长度达到臀围线以下，袖子一般为九分袖，便于海边作业，裤子也是类似于蟳埔女的大折裤。传统的海蓝衫在湄洲女灵巧的双手下演变成现在的花色拼接海蓝衫，现在湄洲女服装结构已经和现代西式服装结构相融合，蟳埔女和惠安女的服装结构依然在传承中式裁剪。湄洲女上装衣袖改为西式装袖，腰身收省以达到修身合体的效果，侧缝装隐形拉链，立领和斜襟沿袭传统中式服装（图 6-3-1、图 6-3-2）。工艺特点采用镶滚和拼布工艺，衣片外露的边缘都采用滚边工艺，色彩沿用红蓝配色，红色为花色面料，传统纹样居多，在斜襟、肩部、袖口和左前片下角有拼接（图 6-3-3）。

图 6-3-1　湄洲女现代海蓝衫正面结构图

图 6-3-2　湄洲女现代海蓝衫背面结构图

图 6-3-3　海蓝衫拼接各个部分

二、红黑裤子结构与工艺

湄洲女早期上半截红色，下半截黑色的红黑裤子，现在演变成红、黑、红三段颜色，裤脚红色呼应臀围的红色，传统裤子结构外侧缝是连片裁剪，现在红黑裤子是西式裁剪前后四片，为了合体前后裆弯也按现代西裤的裁剪方法区分开来，前后腰节各收两个省道，腰头按系松紧带，侧缝装隐形拉链（图 6-3-4）。

三大渔女服装结构都源于汉族服饰右衽斜襟上装和宽腿折腰裤，在细节上不同区域有各自特点，大岞惠安女上装节约衫短小，夸张的下摆弧度和松量造就了“民主肚”，同时也产生了腰带的装饰；小岞惠安女节约衫相对朴素，相当于早期大衿衫的缩小版，但滚边工艺独特而精致。蟳埔女不像惠安女有从众审美的特征，虽然服装款式一致，但各种色布拼接色彩和面料丰富多样。湄洲女海蓝衫和红黑裤子，结构特点同样是拼接和滚边装饰，拼接色彩对比强烈。不同的地域文化孕育不同的服饰习俗，不同时期的服饰反映了不同时期政治、经济、文化的变革，同时也是人类物质与精神文明的重要标志之一。

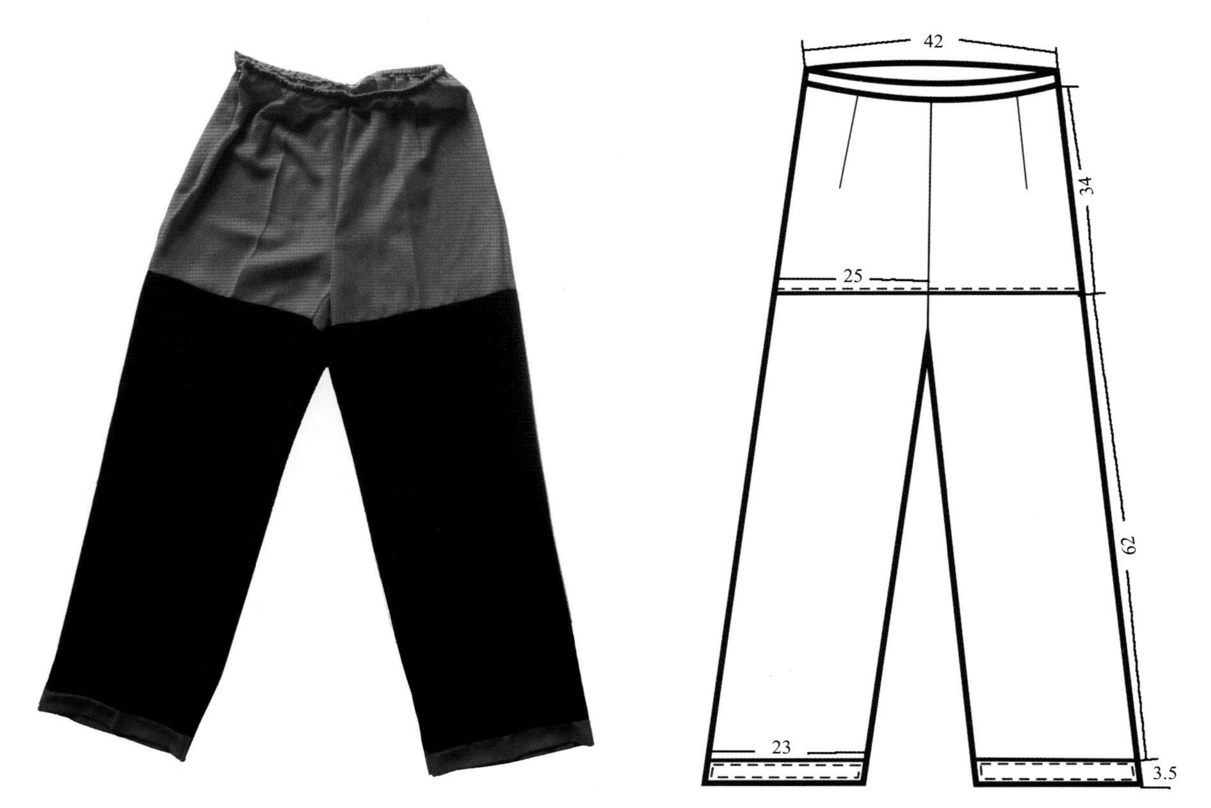

图 6-3-4　红黑裤子正面结构图

参考文献

[1]《泉州惠东妇女服饰研究》课题组．凤舞惠安—惠安女服饰 [M]. 福州：海潮摄影艺术出版社，2003.

[2] 陈国强，蔡永哲．崇武人类学调查 [M]. 福州：福建教育出版社，1990.

[3] 陈国强，石奕龙．崇武大岞村调查 [M]. 福州：福建教育出版社，1990.

[4] 陈国强，叶文程，汪峰．闽台惠东人 [M]. 厦门：厦门大学出版社，1994.

[5] 陈国华．惠安女的奥秘 [M]. 北京：中国文联出版社，1999.

[6] 惠安文化丛书编委会．惠安文化丛书民俗风情 [M]. 福州：福建人民出版社，2003

[7] 乔健，陈国强，周立方．惠东人研究 [M]. 福州：福建教育出版社，1992.

[8] 新加坡惠安公会．净峰乡五十年前妇女发式追记 [M]. 新加坡：大众印务有限公司．1979.

[9] 萧春雷，曲利明．嫁给大海的女人 [M]. 福州：海潮摄影艺术出版社，2003.

[10] 吴国平，曲利明．瓣香起湄洲 [M]. 福州：海潮摄影艺术出版社，2003.

后记

这本书是在边考察边整理边撰写的过程中完成的，在撰写的过程中，带着问题再去考察，不断往返于福州与莆田、泉州之间，每次带着希望而去，载着喜悦和收获而归，虽然这本书稿已经完成，但对三大渔女服饰的热爱会一直继续。真正开始关注福建三大渔女服饰，是在2010年带学生去闽南采风，当时便被三大渔女奇特的服饰所吸引。这本书稿的顺利出版，感谢清华大学艺术与科学研究中心柒牌非物质文化遗产研究与保护基金项目的资助。在多次田野考察过程中，得到很多人的帮助，一路怀着感激。感谢惠安县委宣传部、文化馆的支持，感谢小岞镇前副镇长吴锡平先生、大岞村惠安女创作基地负责人曾梅霞女士、小岞村惠安女创作基地负责人李丽英女士、惠安女服饰传承人詹国平师傅及净峰镇陈炎兴老先生等大力支持和帮助。在蟳埔村考察时，得到蟳埔女服饰传承人黄晨师傅以及蟳埔社区老人会黄会长的大力支持，考察湄洲女时得到湄洲岛管委会和妈祖祖庙小朱女士的帮助，还有我的几位学生和在考察过程中热心帮助过我的人，在此就不一一列出，一并致以最衷心的感谢和祝福！

卢新燕

2014.3 于福州